乡村振兴战略之乡村人才振兴

畜禽粪便资源化利用技术

余亮彬　周国乔　刘卫军　主编

中国农业大学出版社
·北京·

内 容 简 介

　　本书主要从畜禽粪便的源头减量技术、清洁回用技术、达标排放技术、集中处理技术、发酵床降解资源化利用技术、种养结合资源化利用技术等六大方面进行阐述,同时对每种技术配有典型案例进行介绍,为畜禽养殖场解决粪污处理问题提供理论支持和实践指导。

图书在版编目(CIP)数据

　　畜禽粪便资源化利用技术 / 余亮彬,周国乔,刘卫军主编. —北京:中国农业大学出版社,2018.11(2020.10 重印)
　　ISBN 978-7-5655-2138-6

　　Ⅰ.①畜… Ⅱ.①余… ②周… ③刘… Ⅲ.①畜禽-粪便处理-废物综合利用 Ⅳ.①X713

　　中国版本图书馆 CIP 数据核字(2018)第 254382 号

书　　名	畜禽粪便资源化利用技术		
作　　者	余亮彬　周国乔　刘卫军　主编		
策划编辑	林孝栋	责任编辑	王艳欣
封面设计	郑　川		
出版发行	中国农业大学出版社		
社　　址	北京市海淀区圆明园西路 2 号	邮政编码	100193
电　　话	发行部 010-62818525,8625	读者服务部	010-62732336
	编辑部 010-62732617,2618	出 版 部	010-62733440
网　　址	http://www.caupress.cn	E-mail	cbsszs@cau.edu.cn
经　　销	新华书店		
印　　刷	北京鑫丰华彩印有限公司		
版　　次	2018 年 11 月第 1 版　　2020 年 10 月第 5 次印刷		
规　　格	850×1 168　　32 开本　　5.25 印张　　129 千字		
定　　价	29.80 元		

图书如有质量问题本社发行部负责调换

编写人员

主　编　余亮彬　周国乔　刘卫军

副主编　徐　健　高春庭　霍经红　杜华军
　　　　　苏　青　路　伟

参　编　郭　衍　谢志荣　王　平　张志成
　　　　　黄俊生　张　益　付成龙　郑　忠
　　　　　孙德发

前　言

随着畜禽养殖规模的发展与扩大,畜禽粪便的聚集日益成为养殖场的难题。与此同时,大多数养殖场没有足够数量的配套耕地消化利用这些畜禽粪便,并且存在着污水收集系统不足,废弃物处理设施简陋等问题,加大了畜禽粪便直接资源化利用的难度,致使畜禽养殖场周围的生态环境所受污染危害日渐凸显。在此背景下,我国各地积极探索适合当地实际的畜禽粪便处理与利用途径,形成了多种多样的技术。

本书主要从畜禽粪便的源头减量技术、清洁回用技术、达标排放技术、集中处理技术、发酵床降解资源化利用技术、种养结合资源化利用技术等六大方面进行阐述,同时对每种技术配有典型案例进行介绍,为畜禽养殖场解决粪污处理问题提供理论支持和实践指导。

由于时间仓促,水平有限,书中难免存在缺点和错误,欢迎提出宝贵意见。

编者

2018 年 7 月

目 录

第一章　畜禽粪便源头减量技术

第一节　源头减量技术概述

一、源头减量技术的概念

畜禽饲养过程中污染物的源头减量是一个系统工程,涉及饲料、生产模式选择、设施设备选型、粪污收集转运与处理、畜禽场管理等众多环节。

具体来说,源头减量技术是一种从清洁生产出发的废弃物减量化的生产模式,是指在畜禽生产过程中严格控制污染物新增量。具体可描述为:在畜禽生产过程及粪污贮存、处理过程中,通过采用清洁生产工艺模式、改进饲料配方、优化设施设备及引进先进管理理念等措施,使得畜禽生产过程中产生的污染物总量明显削减,从而实现粪污总量的减量化。与传统的排污口治理的末端处理模式不同,源头减量是以整体预防污染为主的一种环保策略。从源头削减污染物体量或浓度,使污染物新增量最小化,可有效缓解畜禽饲养与环保的矛盾,是实现可持续发展的重要手段。

二、实现源头减量的途径

(一)实现污水的源头减量

我国很多养殖场的排水系统设置比较简单,雨污合用一个管道,同时,很多的堆粪场、污水池都为露天设施,一旦遇到下雨天,污水量会迅速增加,极大地增加了污水处理难度和成本。有的养殖场的粪污随着雨水到处流,对周边土壤、水体及地下水均造成严重污染。在畜禽场规划设计阶段合理设计排水系统,做到雨污分离,并采用带盖的污水罐或在污水池的水面上覆膜等,都可以有效防止雨污合流,减少粪污贮存和处理阶段粪污量增大的问题,从而实现源头减量。

（二）控制投入品的使用

氮、磷是造成水体富营养化污染的主要成分。畜禽场粪污中,经由粪便排出的饲料中未消化吸收的氮、磷以及经由尿液排出的机体新陈代谢过程中产生的氮、磷是畜禽场粪污中氮、磷的主要来源。通过提高动物的生产性能,减少单位畜禽产品的饲料消耗量,实现畜禽精准营养配合,提高饲料氮、磷等养分的利用效率等措施,可实现粪污中氮、磷减量。

铜、锌、砷等重金属或微量元素作为酶的必需组分和激活剂,是维持动物生命活动和生长发育的重要营养物质,在保障动物健康生长与高效生产中起到十分重要的作用。一些饲料厂和养殖场为了眼前利益,向饲料中过量添加铜、锌、砷等,导致饲料中普遍存在一种或多种重金属超标的问题。这些重金属或微量元素在动物体内的生物效应很低,大部分都随粪便排放到环境中,并在土壤—水—植物系统中积累转化,最终通过食物链对人体健康造成影响。制定饲料中添加剂的限量标准,加快微生物复合矿物质元素的开发,以及加强对饲料生产的监管等措施,都可从源头有效减少畜禽粪便中的重金属含量,实现重金属的源头减量。

用于治疗或预防畜禽疾病的抗生素大多无法被动物完全吸收,有40%～90%的药物以母体或代谢物的形式排出动物体外,并以有机肥的形式进入农田土壤和水环境。就我国目前畜禽养殖状况,完全限用或禁用抗生素是不可能的,但可以做到严禁滥用、逐渐减量、科学利用。提高动物健康水平和自身免疫能力,可降低动物发病率,是实现抗生素减量化的基础。通过强化安全合理用药、加强畜禽养殖投入品管理(如防止饲料霉变等)、改善动物生存环境以减少应激、开发新型抗生素替代技术等措施,可实现抗生素减量化。

（三）通过减源固碳实现温室气体的源头减量

养殖场生产过程中主要排放甲烷（CH_4）、氧化亚氮（N_2O）和二氧化碳（CO_2）三种温室气体。CH_4 主要来自肠道发酵和粪便管理过程中的排放,N_2O 主要来自粪肥,CO_2 主要来自养殖场通风、供暖和设备运转的能源消耗。

三、源头减量的适用范围

源头减量要求尽可能减少养殖过程中废弃物和污染物的产生,要求养殖场具有较高的管理和技术水平。因此,主要适用于新建或改扩建规模化养殖场。

第二节　节水减量技术

畜禽养殖场用水主要包括饮用水、冲洗用水和降温用水等三个方面。由于不合理的管理和利用,这些用水使用后大部分成为养殖场污水。因此,进行自动饮水设备的改进,从养殖场污水产生的源头入手,进一步降低养殖过程中污水的产生量,对养殖业持续发展具有重要意义。

一、改进用水管理

(一)供水系统管理

1.水源管理

畜禽场水源要远离污染源,如工厂、垃圾场、生活区与储粪场等;水井设在地势高燥处,防止雨水、污水倒流引起水源污染;定期检测饮用水卫生状况。

2.入舍水管理

微生物能通过吸附于水中悬浮物表面进入畜禽舍感染畜禽,因而在畜禽舍的入水管道上安装过滤器是消除部分病原体、改善入舍水质量的有效方法。为保证入舍水的过滤效果,过滤器应每周清洗1次,定期更换丧失过滤功能的滤芯。如果过滤器两侧有水表,可通过进水口与排水口水表的水压差来判断滤芯清洗、更换时间。当进水处水压值等于排水处水压值时,可不考虑滤芯清理或更换;当进水处水压值高于排水处水压值时,应及时清理或更换滤芯。

3.饮水管管理

由于饮水管长时间处于密闭状态,管内细菌接触水中固体物时会分泌出黏性的、营养丰富的生物膜,生物膜形成后又会吸引更多的细菌和水中其他物质,从而迅速成为病原菌繁殖的活聚居地,使原本封闭的饮水系统变成了传递病原菌的工具。所以养殖者要加强对饮水管的管理,具体方法包括:

(1)存栏舍饮水管清理　每15 d用高压气泵将消毒液注入饮水管内,对其进行冲洗消毒,浸泡20 min后,用高压水冲洗20 min。

(2)空栏舍饮水管清理　通过冲洗的方式清理饮水管后,用高压气泵将水线除垢剂注入饮水管内,浸泡24 h后,用高压水冲洗1 h。

（二）饮用水用药管理

饮用水投药前,首先检测饮用水的 pH,防止药物被中和。其次,饮用水投药前 2 d 对饮用水系统进行彻底清洗(刚消毒后的饮用水系统更应彻底冲洗),以免残留的清洗药物影响药效。投药结束后也应对饮用水系统进行清洗,不仅可以防止黏稠度较大的药物粘连于水管表面,滋生菌膜,还可防止营养药物残留于饮用水中,滋生细菌。

（三）饮用水免疫管理

为保证饮用水免疫的成功,稀释疫苗用水最好用蒸馏水、清洁的深井水或凉开水,pH 接近中性。饮水器具要清洁、无污物、无锈,不要用金属饮水器,最好用塑料饮水器。免疫时最好在水中加入 0.1%～0.2%的脱脂奶粉,以保持疫苗的活力,同时还可中和水中的消毒剂。

二、饮用水减量技术

（一）猪场饮水系统节水

1. 猪场常用饮水器存在的问题

目前在猪场饮水器使用方面存在的主要问题有:自动饮水器安装高度不科学,饮水器数量太少,水压过高或过低,饮水器出现堵塞、滴水现象,饮水器型号不对等,以及猪饮水时从嘴角流出或者玩水所致的漏水问题(图 1-1)。养猪场供水系统跑冒滴漏现象可以浪费水资源 5%～10%,粪污量也相应增加 5%。

2. 猪场饮用水减量原则

(1)饮水器的位置设计必须方便猪只饮用,尽量缩短采食与饮水的距离,每个饮水器与障碍物或其他饮水器之间至少应留出一头猪体长的距离。

(2)饮水系统开始端设计要考虑安装加药系统。建议为各个阶段的猪只设计专门的加药系统;考虑到母猪和仔猪饮水系统的

图 1-1　猪场饮水浪费问题

水压、水温和是否加药的差异,分娩舍要设计两套饮水线。

（3）哺乳母猪建议设计两套饮水器,使得母猪在躺卧或站立的时候都能够饮到充足的水。

（4）建议每栋猪舍安装水表,可以实时监测猪群的饮水状况。

（5）建议哺乳仔猪和保育仔猪选择鸭嘴式或乳头式饮水器,这样能够保证小猪饮到新鲜水;育肥猪选择碗式饮水器,保证猪只能够饮到充足的水,而且能够节约用水。

（6）不同饮水器在不同的猪舍温度环境下浪费水量差别极大,寻找不同猪舍温度环境下适宜的饮水器类型可以节约用水;调控猪舍环境温度可以节约夏季用水量。

（7）猪场供水系统水压应合理控制,水压越高浪费水量越大。根据不同的猪群以及饲养密度计算供水量、水压。

3. 饮水器安装位置和数量的确定

一般在群养模式下,猪舍的饮水器应安装在喂料器附近,与猪只休息区和排泄区有明显的区别。

大栏饲养猪群,每 8～10 头猪需要配置一个饮水器。当饮水器的数量大于 1 个时,应注意高低搭配(图 1-2),以利于猪群饮水。

图 1-2　高低搭配的饮水器

4. 饮水器水流速度确定

养猪场应按照不同阶段猪适宜的水流速度调节饮水器流量。水流速度较高时,饮水器溢出的水量占总耗水量(包括饮水量和浪费水量)的 23%,而水流速度低于 650 mL/min 时,饮水器溢出的水量仅占总耗水量的 8.6%。各阶段猪的饮水器水流速度可参考表 1-1。

表 1-1　各阶段猪的饮水器水流速度

生长阶段	水流速度(mL/min)
哺乳仔猪	300
断奶仔猪	700
30 kg 生长猪	1 000
70 kg 生长猪	1 500
育肥猪	1 500~2 000
哺乳母猪	1 500~2 000

5. 饮水器安装高度的确定

自动饮水器的安装高度可参考表1-2。

表1-2　自动饮水器的安装高度

生长阶段	安装高度（mm）
成年公猪、空怀妊娠母猪、哺乳母猪	600
哺乳仔猪	120
保育猪	280
生长育肥猪	380

实践证明，无论是寒冷季节、温暖季节还是全期，用滚珠式、乳头式和杯式3种类型的饮水器最后浪费的水量差异非常显著——乳头式饮水器浪费的水最少，滚珠式饮水器浪费的水最多。用乳头式饮水器，采用不同水流速度，监测产生粪污的比例，在生长猪和育肥猪上都显示，水流速度高产生的粪污比例高。使用乳头式饮水器，随时调整饮水器的高度，调整的依据是高于栏内最小的猪肩胛50 mm。这样保证猪正好仰头喝水，使饮水时洒落的水最少。此外要注意，安装饮水碗的高度要低于饮水嘴的高度，否则饮水困难。在鸭嘴式和乳头式饮水器安装时，最好是选择135°的弯头（图1-3），而不要选择90°的弯头，实践证明这一设计更便于猪群饮水，且能够减少水的浪费。当选择135°的弯头时，饮水器的安装高度要稍微提高。

（二）牛场饮水系统节水

水是生命之源，对于牛而言也是如此。肉牛一般每天至少饮水4次，饮水量因环境温度和采食饲料的种类不同而有较大差异，一般每天饮水15～30 L。奶牛饮水量不足，产奶量必定下降，而随着产奶量的提高，日饮水的绝对量也增加。合理的饮水系统设计，对于提供充足的饮水、减少牛场污水的产生具有重要的作用。

图 1-3　135°的弯头饮水器

1. 牛场饮水存在的问题

牛场饮水系统使用产生的污水主要来自牛只戏水、饮水系统的不合理使用(水料同槽)(图 1-4)。

图 1-4　牛场饮水浪费问题

2. 饮水系统升级改造

饮水系统节水改造：饮水器最好安装在牛舍外侧墙处；饮水系统日常清洗用水应单独收集，避免流入清粪通道或采食通道，收集后的清洗用水经沉淀过滤可二次使用；采用饮水槽的牛舍，应在水槽内增加过滤网，在清洗水槽时，先取出过滤网将饲料残渣清除后再进行冲洗；饮水器周围设置 100 mm 的止水围挡，以减少清洗水溢流面积。

针对寒冷地区拴系式饲养的牛舍，设计由加热水箱、饮水杯、循环进出水管、温度控制器构成的恒温饮水系统，解决了北方冬季拴系的生长育肥牛的饮水问题。安装饮水器后用科学的方法饮水，供水流畅方便，避免水料同槽，减少水资源浪费，达到节水减量的目的。

(三)鸡场饮水系统节水

1. 鸡场饮水存在的问题

目前鸡场饮水存在的问题有：除家禽饮水时从嘴角流出所致的漏水和鸡只戏水以外，还有因饮水器密封胶圈和回位弹簧出现老化等，或者密封面夹有水垢杂质等产生的漏水，以及因水压过大致水流速度过快而产生的漏水。使用乳头式饮水器对水质要求比较高，水线没有安装好或饮水给药后没及时清洗水线，都容易造成给水系统中形成菌膜，造成水路阻塞；使用乳头式饮水器对周围环境要求比较高，环境温度过高或过低，都会影响饮水乳头或水管的质量，出现变形、变质、破裂和漏水现象(图 1-5)。

2. 饮水系统升级改造

通过鸡舍饮水系统升级改造可以达到节水减量的目的。通常从饮水器的高度、角度以及控制水流速度等角度来减少鸡场污水的产生(表 1-3)。

图 1-5　鸡场饮水浪费问题

表 1-3　鸡场饮水器的安装及使用

项目	安装及使用
饮水器高度	根据不同日龄鸡只的生长情况来调节
饮水器角度	安装角度以 45°为宜
饮水器水流速度（mL/min）	单个饮水器乳头的标准水流速度计算公式为：水流速度＝7×鸡只周龄数＋35

　　此外,应选择产品质量合格、密封性好的乳头式饮水器,定期检修、维护和更换;供水管道建议均使用 PVC(聚氯乙烯)管材或者不锈钢管材,不会锈蚀,以减少管道堵塞;供水系统的水压应符合鸡的饮水特点,切忌水压过高;水质应符合《生活饮用水卫生标准》(GB 5749—2006);保持适宜的鸡舍温度,防止因舍温过高鸡只戏水导致水的浪费;通过饮水给药后,应及时冲洗,防止管道内产生积垢堵塞;定期对水线进行反冲洗或在饮水系统中添加微酸性电解水,防止饮水系统内壁形成菌膜。

三、冲洗水减量技术

为保证畜禽生长环境清洁舒适,无论采用何种清粪方式均需定期对栏舍进行冲洗,栏舍冲洗是畜禽养殖污水产生量最大的一个环节,合理选择清洁冲洗方式可大大减少冲洗水用量。

(一)猪场冲洗水减量

实践证明,采用高压水枪冲洗或水气混合冲洗方式既可以达到节约用水的目的,又可以节省冲洗时间,还可以从源头上减少污水产生量,在一定程度上降低了后续处理与利用的难度,有利于生猪养殖污染的控制。

猪舍地面类型也与冲洗水用量有很大关系。综合考虑猪的定点排粪习性和猪只福利、舍内空气质量以及后续粪污处理等,采用半漏缝地板地面工艺不但能减少冲洗水用量,还容易实现粪尿分离的干清粪技术,降低粪污处理难度,同时相比于全漏缝地板降低了舍内氨气浓度,减少了猪肢蹄病的发生。

定期清洗除垢是保证整个养殖期间饮水系统干净卫生的必要手段。水箱、水线和饮水系统的定期清洗除垢,能够避免产生堵塞、乳头漏水等原因引起的动物群体饮水不均,从而保证畜禽的采食和饮水量,确保畜禽健康,提高养殖的均匀度。不要等到水线堵塞、畜禽疾病发生或出栏再被动清洗或者消毒水线,否则会浪费大量的水资源。

(二)牛场冲洗水减量

在奶牛场中,挤奶厅管道清洗需要消耗大量的水,如能从挤奶厅源头来控制污水量,废水处理和贮存费用都将减少。挤奶厅节水可以通过改造挤奶厅管道,收集用于冲洗挤奶机和牛奶消毒机产生的废水,并将废水循环利用于每班次挤奶完毕后冲洗地面或墙壁,可以节约用水并减少总污水量。

在肉牛场中,粪便冲洗耗水量最大,生产中为节约用水常采取循环用水办法。粪便由舍内冲洗阀冲洗至牛舍端部的集粪沟,再由集粪沟输送至集粪池,固液分离后循环使用,冲洗牛舍。

（三）鸡场冲洗水减量

鸡舍一般定期采用高压水枪冲洗（图1-6）。冲洗的顺序为顶棚、笼架、料槽、粪板、进风口、墙壁、地面、储料间、休息室、操作间、粪沟,防止已经冲洗好的区域被再度污染。冲洗时按照先上后下、先里后外的原则,在确保鸡舍冲洗质量的前提下,最大限度减少鸡舍冲洗用水量,进而减少生产污水排放。

图1-6　高压水枪冲洗鸡舍

另外建议在饮水系统中增加微酸性电解水相关制水设备。应用微酸性电解水后,可省却饮水系统的反冲洗,减少污水的产生。

四、降温用水减量技术

适宜的畜禽舍小气候可以为畜禽提供更舒适的生长环境。夏季炎热高温环境下,采用湿帘风机系统、喷淋、喷雾等蒸发降温方式对畜禽舍进行降温是保证畜禽舍环境适宜,缓解畜禽热应激的有效途径。喷雾管线在使用过程中会出现接头漏水、喷嘴堵塞、管道破裂等问题,造成使用麻烦,并且使降温用水滴漏在舍内,造成地面潮湿等问题,增加污水量。喷淋系统设置不合理同样会增加污水量。因此,需要对喷雾、喷淋管线及喷嘴和湿帘进行定期检查维护,及时更换老化磨损零件,以保证降温效率,减少降温用水。同时,使用自动控制系统调控降温设备能减少用水量(图 1-7)。在夏季喷雾降温时采用自动控制仪表,根据气温设置喷淋时间和间隔时间,待畜禽体表和畜禽舍内地板上的水蒸发完后再进行喷淋降温。舍内温热环境适宜的情况下,畜禽通过饮水器中的水打湿身体降温的行为会有所减少,也可节水减量。

图 1-7　自动控制系统喷雾降温

第三节　饲料减量技术

一、提高饲料质量

(一)选用优质原料

为使饲料达到消化率高、增重快、排泄少、污染少、无公害的目的,在选购饲料原料时一是要注意选购消化率高、营养变异小的原料。据测定,选用高消化率原料至少可减少粪中 5% 氮的排出量。

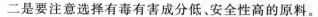

二是要注意选择有毒有害成分低、安全性高的原料。

（二）尽可能准确估测动物对营养的需要量及利用率

设计配制出营养水平与动物生理需要基本一致的日粮，是减少营养浪费的关键。而要设计配制出与生理需要量基本相一致的日粮，就要准确地估测动物在不同生理阶段的营养需要量和对养分的消化利用率。

（三）按照理想蛋白质模式配制低蛋白质日粮

蛋白质营养价值的高低不仅是蛋白质含量的高低，更重要的是要考虑蛋白质中氨基酸的平衡性能否满足生产的需要，这正是理想蛋白质模式的理论基础。在生产实践中常以赖氨酸作为第一限制性氨基酸，以其需要量为 100％，其他氨基酸则按其在体组织蛋白中与赖氨酸的比例来配合，调节氨基酸之间的平衡。

按照理想蛋白质模式，可以适当降低饲料粗蛋白质水平而不影响动物的生产性能。这样既可以节省蛋白质饲料资源，又可以减少氮对环境的污染。据统计，通过理想蛋白质模式计算出的日粮粗蛋白质水平每下降一个百分点，粪便中氨气的排放量就降低 10％～12.5％；当日粮粗蛋白质水平降低 2％～4％时，氮的排出量可降低 38.9％～49.7％。同时，粪污的恶臭主要为蛋白质的腐败所产生，如果提高日粮中的蛋白质的全价性并合理减少蛋白质的供给量，那么恶臭物质的产生也将会大大减少。产蛋高峰期蛋鸡日粮添加氨基酸实现氨基酸平衡后将日粮粗蛋白质由 17％降低至 15％，粪氮含量也下降 50％。减少日粮中的蛋白质虽然可以显著降低排泄物中的氮及畜禽舍臭味，而生产性能却无法与高蛋白水平的日粮相比，并且添加合成氨基酸对蛋白质的降低并不是无限的，过度降低日粮粗蛋白质含量，畜禽的生长性能会因氨基酸的需要得不到满足而受到影响。因而，只有提高氨基酸的利用率，在满足氨基酸需要的情况下降低日粮粗蛋白质才有助于降低氮的排泄，达到保护环境的目的。

（四）不使用高铜高锌日粮，并适量添加粗纤维

高铜高锌日粮对动物，尤其是猪具有显著的促生长和防腹泻等效果，被广泛应用于生产中。但由于长期使用高剂量的铜和锌，大量没被动物机体消化吸收利用的铜、锌随粪便排出体外，对生态环境是一个潜在的污染，是一种以牺牲环境质量为代价换取生产一时发展的做法。因此，饲料中不提倡添加高铜和高锌。

饲料中添加适量的粗纤维可减少尿中的尿素浓度，从而减少氮的排泄。

（五）配制低磷日粮

饲料中磷的含量往往高于畜禽的实际需要量，畜禽吸收利用率很低，大部分排出体外，对环境造成了污染。低磷日粮在不影响猪磷营养需要的条件下，能有效地减少猪排泄物中的磷。

（六）通过营养调控降低氮和磷的排泄量

畜禽日粮中氮和磷的吸收率只有 $30\%\sim35\%$，因此，要降低氮和磷对环境的污染，就必须提高氮和磷的利用率。科学技术的进步，特别是生物技术的迅速发展，使环保饲料的研究开发成为可能。目前，环保型饲料开发研究通过生物活性物质和合成氨基酸的添加来降低动物氮和磷的排泄量。饲料中应用生物活性物质可有效地提高饲料的品质及养分的利用率、降低畜禽排泄物中氮和磷的含量、减少排泄物的数量。饲料中添加合成氨基酸能更好地使氨基酸平衡，借此降低饲料中粗蛋白质的含量，避免营养性氮源的浪费，降低动物排泄物中的氮含量。

（七）通过营养调控降低微量元素的排泄量

近年来，为达到提高动物生产性能的目的，在饲料中大量使用某些微量元素、抗生素及其他药物和添加剂，增加了污染物的种类，提高了动物排泄物中污染物的浓度，由此而造成对人类生存环境的污染、危害，并可能对人体产生毒副作用。降低微量元素排泄量的途径是在考虑各种饲料原料中微量元素含量的前提下，用有

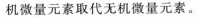

机微量元素取代无机微量元素。

（八）合理选用环保型饲料添加剂

1.微生态制剂

微生态制剂是根据微生态学原理,选用动物体内的正常微生物,经特殊加工工艺制成的活菌制剂。它能够在数量或种类上补充肠道内减少或缺乏的正常微生物,调整并维持肠道内正常的微生态平衡,增强机体免疫功能,促进营养物质的消化吸收,从而达到增强机体免疫力、提高饲料转化率和畜禽生产性能的目的。微生态制剂具有无毒副作用、无耐药性、无残留的优点,成本低、效果好。目前的微生态制剂菌种的种类主要有乳酸杆菌、芽孢杆菌、粪链球菌、双歧杆菌、酵母菌等。

2.饲用微生物酶制剂

饲用微生物酶制剂作为一类高效、无毒副作用和环保的"绿色"饲料添加剂在畜禽养殖业中具有广阔的应用前景,正在逐步替代常用药物类添加剂,实现添加剂"绿色化"。饲用微生物酶制剂的效能特点有:第一,补充动物内源酶的不足,提高饲料报酬;第二,分解植物细胞壁,促进营养物质的消化吸收;第三,消除饲料中的抗营养因子,提高饲料转化率;第四,增强动物的抗病能力,提高畜禽成活率;第五,降低氮、磷的排泄量,减少环境污染。

3.低聚糖

低聚糖又称寡糖,是指由2～10个单糖经脱水缩合以糖苷键连接形成的具有支链或直链的低度聚合糖类的总称,具有低热值、稳定、安全无毒、黏度大、吸湿性强,不被消化道吸收等良好的理化性质。低聚糖是食品和饲料原料中的一种天然成分,以不同形式存在于植物(如大豆、洋葱、酵母和菊芋)中。目前作为饲料添加剂的低聚糖主要有低聚果糖、半乳聚糖、大豆低聚糖、棉子糖、低聚异麦芽糖。

二、氮减量技术

畜禽对饲料蛋白质需要的实质是对氨基酸的需要,构成蛋白质的氨基酸是畜禽生长发育和生产时所必需的。根据氨基酸能否在畜禽体内合成,氨基酸被分为必需氨基酸(在畜禽体内无法合成或合成量不能满足需要,需依赖饲料提供的氨基酸)和非必需氨基酸(畜禽体内可以利用碳水化合物和含氮物质合成)。畜禽所需的氨基酸主要由植物性蛋白饲料提供。由于植物性蛋白饲料氨基酸构成与畜禽对必需氨基酸的需要有一定的差异,完全满足畜禽氨基酸需要通常需要较高的日粮粗蛋白水平。氨基酸工业的发展和氨基酸平衡技术为解决这一问题提供了行之有效的方案。即适当降低日粮粗蛋白水平并补充畜禽生长或生产所需的必需氨基酸,在不影响畜禽生产性能的同时,降低饲料粗蛋白水平,减少粪便中氮的排泄。

（一）猪场氮减量

蛋白质水平及氨基酸平衡是影响猪场氮减量和猪生长的重要因素。为减少氮的排放,最为直接有效的措施就是在可利用氨基酸平衡的前提下减少饲料蛋白水平。

对于仔猪,由于传统饲料偏好高蛋白,所以降低其饲料粗蛋白水平的空间较大。若将仔猪饲料粗蛋白从 24% 降到 18%,粪氮排泄可降低 28.3%。一般认为,饲料粗蛋白水平每下降 1%,氮的排放就会降低 8% 以上,但过度降低蛋白水平会损害仔猪消化道,影响其生长发育。

对于生长肥育猪(25～60 kg 生长阶段),将饲料粗蛋白水平从 16.14% 降到 14.58%,可减少粪氮排放 $\frac{1}{4}$,对生长性能无不良影响。将玉米豆粕型肥育猪饲料粗蛋白水平从商品猪料的 16% 降低到 13% 不影响肥育性能,但粪氮减少了 28%。

由于猪饲料中杂粮比例较高,导致饲料蛋白等养分消化率较低,不但对猪的生长速度和肉品质有负面影响,而且增加了粪氮的排放量。在此情况下,补充氨基酸,满足可消化氨基酸的需要,降低饲料粗蛋白水平,可以全部或部分消除杂粮的负面影响,降低粪氮排放量。在配制 60～90 kg 肥育猪无豆粕饲料时,将蛋白水平由 13％降低到 11％～12％,并在可消化基础上平衡氨基酸,可取得更好的饲养效果,明显减少猪尿液总量和尿氮排出量,同时,也能够降低猪粪臭味物质含量。

（二）牛场氮减量

奶牛生产中日粮 25％～35％的氮转化为乳蛋白,其余通过粪尿排出。提高瘤胃微生物合成效率,降低日粮蛋白水平并适当提高过瘤胃蛋白比例,添加过瘤胃保护氨基酸等措施,均可以有效减少粪尿中的氮排放。

奶牛氮减排措施可归纳为以下 3 个方面。

（1）降低日粮中性洗涤纤维（NDF）水平并适当增加淀粉比例,可以提高瘤胃微生物的氮利用效率,取得与低蛋白日粮相似的效果。

（2）降低瘤胃可降解蛋白质水平并避免使用高蛋白日粮。当日粮提供的粗蛋白超出了奶牛的营养需要,粪氮和尿氮排泄量都会增加。通过降低日粮中粗蛋白的含量,可以减少奶牛氮素排泄量。通过定期监测牛奶尿素氮可以判断日粮蛋白质供应是否过量。牛奶尿素氮正常值为每 100 mL 14～16 mg,如果牛奶尿素氮值过高,说明奶牛日粮蛋白质水平可能偏高。

（3）在日粮中使用保护性氨基酸,能够促进微生物蛋白的合成,使微生物所需要的部分氮由氨基酸提供。利用瘤胃保护性蛋氨酸和赖氨酸平衡日粮氨基酸,可以降低日粮蛋白质水平,提高日粮蛋白质利用效率,减少奶牛粪尿中氮的排放量。例如,在低粗蛋白＋过瘤胃氨基酸日粮模式中,通过添加赖氨酸、蛋氨酸、苏氨酸、苯丙氨酸,使日粮粗蛋白水平降低 1 个百分点(由 15% 降低 14%),泌乳牛的产奶量仍然可以保持在 30 kg/d 的较高水平。

(三)鸡场氮减量

在满足能量需要的前提下,以目前普遍采用的蛋鸡饲料粗蛋白水平(16%)为基础,降低饲料粗蛋白含量 2%~3%,同时补充晶体氨基酸,使其必需氨基酸含量保持在正常营养水平。与常规营养水平饲料相比,补充必需氨基酸和甘氨酸后,13% 的日粮粗蛋白水平对蛋鸡产蛋后期生产性能没有显著影响,预期可降低蛋鸡氮排泄量 10% 以上。

通过提高饲料蛋白的消化率和可消化蛋白(可消化氨基酸)的沉积率,能减少肉鸡的氮排泄量。由于我国优质蛋白饲料匮乏,饲养成本高,在可消化氨基酸平衡的前提下,通过应用低蛋白饲料配制技术来降低肉鸡粪氮和尿氮的排放,是可行的技术措施。通过平衡必需氨基酸含量,可将肉鸡饲料蛋白水平降低 2%~3%,在不影响肉鸡生长速度的前提下减少粪氮的排放。此外,多种饲用酶制剂都有提高肉鸡蛋白质消化率的作用,尤其能提高杂粮等低档替代性原料蛋白质消化率,部分抵消因杂粮替代豆粕导致的蛋白质消化率降低的问题,从而减少肉鸡的氮排放量。

三、磷减量技术

磷是畜禽生长与生产的必需矿物元素,在动物机体发育与生产中发挥多种重要的作用,包括骨骼形成、能量代谢、蛋的形成等。畜禽体内的磷来源于饲料中所含磷的消化、吸收。谷物类饲料中,50%~85% 的磷以植酸盐形式存在。对于畜禽而言,由于消化道内缺乏植酸酶,因此,以植酸盐形式存在的磷无法得到有效利用。为了满足畜禽对磷的需要,饲料中一般需要添加无机磷。

(一)猪场磷减量

在猪饲料磷的减量方面,植酸酶的开发和应用已经收到良好的效果。在仔猪饲料中添加 1 000 U/kg 植酸酶,同时降低有效磷0.2 个百分点,总磷表观消化率可提高 25%,相应磷排放可减少49.4%。在肥育猪饲料中添加 500 U/kg 植酸酶,同时降低总磷0.1 个百分点可减少磷排放 21%~23%。一般而言,饲料中添加植酸酶可使猪粪便中磷的排泄量减少 20%~50%。植酸酶与有效磷之间存在换算关系,1 U 植酸酶相当于 2~4 mg 有效磷。另外,准确判断猪对磷的需要量并测定饲料原料中总磷和有效磷的含量,也有助于减少饲料中无机磷的过量添加。

在实际生产中,要获得良好的磷减量,需把控以下几点。

(1)一般仔猪阶段添加植酸酶 500 U/kg,生长猪阶段添加植酸酶 300 U/kg,肥育猪阶段添加植酸酶 250 U/kg,均可降低日粮中 0.1 个百分点的非植酸磷。

(2)添加植酸酶的情况下还必须保证非植酸磷(或有效磷)含量,以免影响猪的生长。其中仔猪(断奶至 20 kg)为 0.20%,生长猪(20~80 kg)为 0.15%,肥育猪(80 kg 至出栏)为 0.10%。

(二)牛场磷减量

磷减量的最有效措施是在满足奶牛磷营养需要的前提下,降低日粮磷水平,确保日粮提供的磷与奶牛需要磷的量尽可能一致。高产奶牛日粮干物质中磷含量应不超过 0.36%~0.38%。日粮中 0.35% 的磷水平即可以满足日产奶 25~30 kg 的泌乳牛的生产需要。

植物性饲料中的植酸磷在奶牛瘤胃内被降解,降解率在 70%以上。因此,提高奶牛饲料磷利用效率的方法是增强瘤胃微生物发酵的功能。在奶牛全混合日粮中添加外源植酸酶(2 000~6 000 U/kg,以干物质计)也可以提高磷的利用率,减少粪尿中磷的排放量。

(三)鸡场磷减量

我国肉鸡饲料的绝大部分为植物性原料,而植物性饲料原料中总磷的利用率较低,有效磷仅为总磷的 $\frac{1}{3}$,大部分磷随粪排出体外。实际生产中配制鸡饲料时,通常要添加 1%～2% 的磷酸氢钙等无机磷源补充饲料中有效磷的不足。而无机磷源的磷利用率也不是 100%,导致大量的磷排放到环境中。

植酸酶是专一降解饲料中植酸(肌醇六磷酸)的酶制剂,可将植酸的磷酸根释放出来,给鸡生长提供有效磷。向鸡饲料中添加植酸酶可有效提高饲料中磷的利用效率,减少无机磷的添加量。在产蛋鸡日粮中植酸酶的添加量一般在 300～500 U/kg。

四、重金属减量技术

与饲料有关的重金属主要来源于饲料中添加的微量元素。

(一)猪饲料重金属减量技术

在饲料中添加高剂量的锌、铜可预防断奶仔猪腹泻、促进采食和生长,因此,高锌和高铜饲料的应用比较普遍。由于这些微量元素在动物体内的生物效应很低,大部分经由粪尿排出体外。研究表明,高锌饲料中锌通过猪粪的排泄率高达 98% 以上,高铜的总排泄率也高达 87%～96%。长期施用高锌、高铜猪粪作为肥料,会使农田铜、锌含量大幅超标。

针对高锌和高铜的滥用,2017 年农业部在《饲料添加剂安全使用规范》中规定了铜和锌的限量,规定仔猪(体重 25 kg 以下)饲料中锌的限量为 110 mg/kg,母猪限量为 100 mg/kg,其他猪限量为 80 mg/kg,仔猪断奶后前 2 周配合饲料中氧化锌形式的锌的添加限量为 1 600 mg/kg。同时,也规定猪饲料中铜添加限量为仔猪(体重 25 kg 以下)125 mg/kg。该限量规定仍然保留了仔猪饲料中的高铜、高锌的用法。但从重金属减量方面考量,高铜和高锌的使用应当摒弃,仅在饲料中补充少量的铜和锌满足其维持和生长需要即可。

（二）肉鸡饲料重金属减量技术

一般认为，饲料原料中含有的微量元素不能满足肉鸡的需要，因此，通常要在饲料中添加铜、铁、锰、锌、硒和碘。肉鸡对微量元素尤其是无机微量元素的利用率不高，大部分微量元素随鸡粪排泄。其中，铜和锌属于农用地土壤中限制排放的重金属元素，也是肉鸡养殖重金属减量的主要目标元素。此外，砷、铬制剂在饲料中的添加也能导致砷和铬的环境排放，但因这两类产品的使用并不普遍，所以其污染排放也不严重。

2017年农业部对饲料中微量元素的用量进行了限制，《饲料添加剂安全使用规范》规定肉鸡饲料中锌最高限量为120 mg/kg，铜最高限量为10 mg/kg，在一定程度上控制了这两种元素的环境排放水平。

以无机盐形式存在的微量元素普遍存在利用率低、排泄量大、易对环境造成污染等问题。与之相比，饲料中添加有机微量元素能提高微量元素的生物学利用率，添加较少的量即能满足肉鸡的生长需要，因此，在饲料中采用有机微量元素替代无机微量元素也是重金属减排的重要手段。

（三）蛋鸡饲料重金属减量技术

蛋鸡育雏期和育成期对微量元素的需要量与肉鸡接近。但在产蛋期为了保证蛋壳品质，对锌的需要量稍高。研究表明，适度的高锌(100 mg/kg)可增加蛋壳厚度和强度，但导致蛋重减轻。也有为了生产高锌鸡蛋而在饲料中添加800～2 000 mg/kg超量锌的做法，但显然违反了《饲料添加剂安全使用规范》的规定。考虑到锌的母体效应，种母鸡饲料中锌含量应稍高于商品蛋鸡。由于高铜添加对产蛋鸡有不利影响，所以，产蛋鸡饲料中铜的水平不高，但也有为降低鸡蛋胆固醇含量而使用高铜的情形，但较为少见。同样地，微量元素之间的平衡关系也影响蛋鸡的重金属铜和锌的排放，因此饲料中还应该提供适宜水平的锰和铁。

五、抗生素减量技术

抗生素是生物(主要是真菌、放线菌或细菌等微生物)在其生命活动过程中所产生的或由其他方法获得的,能在低微浓度下有选择地抑制或影响他种生物功能的有机物质(图 1-8)。抗生素在使用过程中大多无法被动物完全吸收,有 40％～90％的药物以母体或代谢物的形式排出体外,其中,畜禽粪便作为有机肥使用是抗生素进入农田土壤环境的主要途径之一。由于多数抗生素结构稳定以及反复使用,进入土壤后,可以改变并增强土壤某些微生物种群的抗性基因,使之成为潜在的危害来源。另一方面,由于常用的抗生素药物较之农药、多环芳烃等其他土壤环境污染物有较强的水溶性,因此,这些在土壤中的抗生素容易随水流在土壤中垂直渗透而进入地下水循环系统,从而对人造成潜在的不利影响。

图 1-8 各类抗生素

国内目前的饲养模式和环境下,要想禁止使用抗生素是不可能的,但是,可以做到减量和替代。

(一)强化安全合理用药原则

(1)正确搭配,协同用药。使用兽药时,正确搭配,合理组方,协同用药,可增加疗效,避免产生拮抗作用和中和作用。

(2)综合治疗。经过综合诊断,查明病因以后,要迅速采取综合治疗措施。

(3)按疗程用药,勿频繁换药。一般情况下,首次用量可加倍,第二次应适当减量,症状减轻后使用维持量,症状消失后,要追加

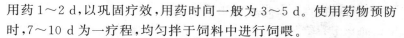

用药1～2 d,以巩固疗效,用药时间一般为3～5 d。使用药物预防时,7～10 d为一疗程,均匀拌于饲料中进行饲喂。

(4)选择适宜的给药方式。选择给药方式要考虑到机体因素、药物因素、病理因素和环境因素,以取得最佳治疗效果。

(5)严格实行休药期规定。休药期是指畜禽最后一次用药到该畜禽许可屠宰或其产品(乳、蛋)许可上市的间隔时间。生产中,在使用有休药期的兽药时,要严格实行休药期,尽量减少动物产品兽药残留,确保广大人民群众吃上安全放心的动物产品。

(6)禁止使用禁用兽药。严格按规定使用兽药,决不使用《食品动物禁用的兽药及其他化合物清单》中列出的盐酸克伦特罗等兴奋剂类、具有雌激素作用的和催眠镇静类等禁用兽药。

(7)建立用药记录。以数据为依据,筛选和减少抗生素的品种,为进一步确定减、停用抗生素的产品清单提供科学基础。

(二)做好畜禽养殖投入品管理

(1)畜禽饮用水。作为畜禽机体的重要组成部分和不可或缺的营养物质,水在畜禽养殖中占据着非常重要的地位。畜禽饮水中的有害微生物广泛存在且存活时间长,畜禽饮用含大肠杆菌、链球菌、沙门氏菌等有害微生物的水后,会出现发病,甚至死亡的现象。对畜禽饮水进行沉淀、净化、消毒等无害化处理可杜绝饮水中微生物导致动物疾病的发生,从而减少抗生素的应用。

(2)饲料。饲料(主要成分是玉米)霉变是当前国内猪瘟免疫失败的一个重要因素。及时烘干并合理贮藏即可减少20%的霉变玉米,可以大大降低我国畜禽养殖产业的成本,提升产出效率并使抗生素减量化。

(三)保证适宜的饲养密度

减量技术要做到位,实际上最根本的问题不在于饲料,而是在饲养管理和环境。饲养密度是单位面积饲养动物的数量,是畜禽生产中关键的管理因素之一。为求得畜禽养殖效益的最大化,养殖者常常以牺牲一定程度的生长率和饲料效率为代价,尽量增加单位面积中养殖对象的数量,以获得尽可能多的畜禽产品。然而,高密度将导致动物的高应激和免疫抑制,使畜禽的生产能力降低并增加患病比例,从而导致常规用药的增加和死亡率的增加。因此,合理的饲养密度是养殖生产中非常重要的技术措施。

（四）抗生素的替代

随着人们对公共安全、环境保护和食品安全认识的不断提高,饲用抗生素添加剂带来的巨大经济利益背后所隐藏的种种弊端逐渐被人们认识,诸如抗生素滥用引起耐药菌株的产生、动物免疫机能的下降、畜产品及环境中药物的残留等问题。当前,饲用抗生素添加剂的禁用已是国际趋势,因此,找到一种安全有效的饲料添加剂来替代抗生素势在必行,其中,尝试用益生菌制剂、抗菌肽、酸化剂、寡聚糖、植物提取物和中草药等替代抗生素在不断开发中。

第四节　低碳减量技术

甲烷（CH_4）、氧化亚氮（N_2O）、二氧化碳（CO_2）是畜禽养殖释放的主要气体,严重影响了大气环境,因此要利用低碳减排技术,减少气体排放量,提高畜禽养殖生产效率。

一、养殖场排放源

（一）肠道发酵 CH_4 排放

牲畜肠道发酵向环境排放 CH_4。反刍牲畜（例如牛、羊）是 CH_4 的主要排放源,而非反刍牲畜（例如猪、马）产生中等数量 CH_4。饲料在家畜消化系统中发酵产生 CH_4 的排放量取决于消化道的类型、家畜的年龄和体重以及所采食饲料的质量和数量。采食量越高,CH_4 排放量就越高。但是,CH_4 的产生量大小亦可能受日粮组成成分的影响。采食量与家畜大小、生长率和产量（例

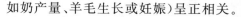

如奶产量、羊毛生长或妊娠)呈正相关。

（二）粪便管理中的 CH_4 及 N_2O 排放

CH_4 排放：粪便管理中的 CH_4 排放量往往小于肠道排放量。影响粪便管理中排放的主要因素是粪便产生量和粪便厌氧降解的比例。前者取决于每头家畜的产生量和家畜的数量，而后者取决于如何进行粪便管理。贮存装置的类型、贮存温度和滞留时间极大地影响到 CH_4 的产生量。当粪便以液体形式贮存或管理时（例如，在化粪池、池塘、粪池或粪坑中），粪便厌氧降解，可产生大量的甲烷。当粪便以固体形式处理（例如堆肥发酵）或者在牧场和草场堆放时，粪便处在好氧的条件下进行降解，产生的甲烷较少。

N_2O 排放：在施入土壤或用作饲料、燃料等之前，粪肥贮存和管理所产生的 N_2O 直接排放和间接排放，取决于粪便中的氮含量和碳含量，以及贮存的持续时间和管理方法的类型。N_2O 的直接排放源自粪肥中所含氮素的硝化和反硝化作用。硝化作用指氨态氮氧化成硝态氮的过程，是家畜粪便产生 N_2O 排放的必要先决条件，需在氧气充足的条件下才能发生。因此，采用厌氧方法处理粪便，不发生硝化作用，也不产生 N_2O 的直接排放。采用好氧方法处理粪便，在氧气供应不充分甚至成为厌氧条件时，通过硝化作用生成的亚硝酸盐和硝酸盐被转变为 N_2O 和 N_2。

源自挥发性氮损失的间接排放主要是粪便中的氮以氨气和 NO_x 的形式挥发产生的。粪便收集和贮存过程中排放出的有机氮中氨态氮的比例主要取决于时间，其次取决于温度。形式简单的有机氮如尿素可迅速氧化成氨态氮，氨气为高挥发性物质且易于在周围空气中扩散。氮的损失从舍饲中的排泄点开始，并且通过贮存和管理系统（即粪便管理系统）的现场管理继续损失。

在户外地区（户外养殖场和放牧场地区）固体粪便存放中，其氮损失的途径还包括经淋溶和径流进入土壤。

（三）CO_2 排放

畜禽生产过程中,饲料加工运输和畜舍的通风、夏季降温、冬季加温等过程,需要用电、汽油、柴油和煤等能源,能源消耗过程中会产生二氧化碳的直接排放和间接排放。

二、生猪养殖源头减排固碳技术

（一）从饲养环节实现源头减排

通过改良日粮组成和在饲料中添加专用益生菌及活性物质,可以提高猪场的生产效率,降低粪污产生量。

1.氨基酸平衡日粮低碳减排技术

日粮氨基酸不平衡不仅增加养殖成本,还引发粪尿中氮排放量增加而导致严重的环境污染。据报道,在满足有效氨基酸需要的基础上,适当降低日粮的蛋白质水平,在不影响生猪生产水平的情况下,可减少粪便中氮排放量。

2.饲料＋微生态制剂、益生物质增效减排技术

通过在饲料中添加微生态制剂、生物活性物质(如抗菌肽、寡糖、免疫球蛋白等)及 N-氨甲酰谷氨酸(NCG),提高生猪繁殖效率、断奶仔猪成活率,从而提高生产效率,降低单位产品生产碳排放量。

（1）饲料＋新型抗菌肽制剂的应用　通过应用新型抗菌肽制剂——肽乐新 S 型制剂,增强断奶仔猪的抗病力,提高断奶仔猪成活率,降低死亡率,提高生产效率,降低仔猪培育阶段碳排放量。

（2）饲料＋微生态制剂的应用　在母猪临产到哺乳期间,饲料＋母猪专用微生态制剂(如酪多精等),能够增加其采食量,增加乳汁分泌,提高仔猪的日增重,有利于提高单头母猪繁殖的仔猪的培育成活率,降低母猪繁殖阶段碳排放量。

（3）饲料＋内源激活剂 NCG 的应用　N-氨甲酰谷氨酸(NCG)是一种精氨酸内源激活剂,通过促进精氨酸内源合成,提

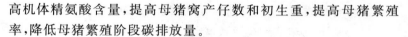

高机体精氨酸含量,提高母猪窝产仔数和初生重,提高母猪繁殖率,降低母猪繁殖阶段碳排放量。

(二)从粪污管理环节实现源头减排固碳

1.粪污采用"三改两分离"技术模式处理

"三改",一是将水泡粪工艺改为"V"形斜坡自动干清粪,实现粪与尿的自流式分离,清出粪便水分含量较水泡粪工艺低10%以上,粪便易于处理堆肥,减排效果明显;二是改无限用水为控制用水,猪场采用的常规鸭嘴式饮水器,水量浪费占猪场用水量近50%,增加了废污水产生量和后续处理负荷,而将常规鸭嘴式饮水器改为节水饮水器,节水减排效果明显,可减少污水产生量38%～43%;三是将明沟排污改为暗道排污,减少异味向环境释放。

"两分离",一是雨污分离,通过采用养殖场屋面雨水收集系统技术,地下或地上雨水贮存装置,实现雨污分离,雨水过滤消毒,再利用,减少排污负荷,节水减排;二是固液分离,将干清粪便通过机械固液分离,固体粪便堆肥发酵生产有机肥,污水采用接触氧化技术进行处理,沼气发酵。从源头减少粪污产生量,并将粪污无害化、资源化再利用。

2.粪污资源化利用减排固碳技术

规模养殖场可采用沼气工程和有机肥堆肥工程,实现粪污资源化固碳减排。规模养殖场粪液沼气发酵,产生的沼气可以直接替代化石能源或者发电,能够部分抵消猪场使用的能源。固体部分采用先进的充氧条垛堆肥,生产有机肥,用于地力培肥,既可替代部分化肥,减少化肥用量,又可提高土壤有机质含量,增加土壤固碳量,以土壤碳贮存形式抵消养殖场的碳排放。

3.粪便生物强化腐殖化减排固碳技术

养殖场粪便按照限制矿化、定向腐殖化,最大化固定碳氮的思路,利用生物强化技术,充分好氧发酵,加速醌基物质释放,使小分子物质围绕醌基物质定向聚合,实现有机废物高效定向腐殖化,生产出富含有机质的生物有机肥(有机源土壤调理剂)。

(三)从节能环节实现源头减排

通过对不同建筑围护结构类型猪舍墙体、屋顶、窗户、吊顶等围护结构建筑材料的热工指标进行计算,对猪舍围护结构进行节能改造,提高猪舍保温性能,减少冬季猪舍内热量向舍外的传递量,对于供暖猪舍,达到减少供暖能耗的目的,同时减少 CO_2 的排放量。对于非供暖的育肥猪舍,冬季提高猪舍内温度,能够提高日增重,缩短育肥时间,从而达到减排的目的。

三、奶牛养殖源头减排固碳技术

(一)从饲喂环节实现源头减排

通过科学配制或调制全混合日粮、青贮,提高饲料利用率,增加单产水平,降低单位标准奶生产碳排放量,从饲喂环节实现源头减排。

1.青贮调制技术

优化青贮调制,提供优质饲料原料。青贮过程中添加微生物接种剂,可在很短的时间内大量生成乳酸和丙酸,并可将部分多聚碳水化合物降解成单糖,保证乳酸菌生长。

青贮微生物接种剂应用技术:制作全株玉米青贮饲料,每吨添加 $10\sim20$ g 青贮微生物接种剂,提供优良的乳酸菌、丙酸菌、复合酶和细菌生长促进剂,抑制霉菌生长,减少开窖后青贮的霉变。

2.全混合日粮配制

全混合日粮制作质量直接影响奶牛健康及产奶性能,采用自走式饲料搅拌机,可根据奶牛的泌乳天数、产量、乳脂、乳蛋白、体况等因素和环境因素,制备高质量混合日粮,提升加工效率和缩短饲喂周期。

(二)提高生产效率,降低单位产品碳排放量

奶牛繁殖效率高低直接影响奶牛场资源使用效率和群体泌乳

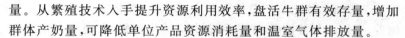

量。从繁殖技术入手提升资源利用效率,盘活牛群有效存量,增加群体产奶量,可降低单位产品资源消耗量和温室气体排放量。

1.公牛性控冻精技术

优秀公牛性控冻精的应用,可有效提高奶牛场个体育种成绩,提高奶牛繁殖效率和母犊供应量,增加群体产奶量,并降低在奶牛繁殖生理周期中因繁殖公犊而带来的碳排放量。

2.定时输精技术

采用定时输精技术,针对不同牛群及卵巢疾病特点,从剂量、种类、使用方法上进一步完善定时输精程序,有效保障产后卵巢功能的恢复、定时发情和输精处理,有效缩短分娩间隔,避免隐性发情漏配,简化牛场繁殖管理,提高奶牛的繁殖力,增加群体产奶量,有效降低奶牛饲养和繁殖管理成本,进而降低饲养过程中碳排放。

3.早期妊娠诊断技术

采用奶牛早期妊娠诊断技术,可以缩短奶牛妊娠诊断周期,减少胎间距,提高奶牛繁殖效率,增加群体产奶量,降低饲养过程中碳排放。

【案例链接】

海林养殖场环保节水

随着物质生活水平的提高,人们对周围环境质量有了更高的要求。奶牛养殖业是进行整改的目标之一。奶牛养殖业的污染物主要是牛粪污,其中牛粪可以收集作为肥料,处理成本相对较低。牛粪污中的液体处理成本较高。要进行牧场环保达标改造,还要兼顾牧场污染物处理成本。因此,节约用水成为牧场首要工作。海林养殖场在这方面的做法值得我们学习。

海林养殖场位于天津市武清区石各庄镇。始建于 2001 年,竣工于 2002 年,总占地面积约 140 亩(1 亩 ≈ 666.67 m²),建筑面积约 2.2 万 m^2，固定资产总投资 2 200 万元。牧场采用自由散栏式饲养、全混合日粮饲喂、挤奶厅集中机械化挤奶、粪便无害化收集处理等工艺进行现代化奶牛养殖。在节约用水方面，海林养殖场的具体做法如下。

1. 挤奶厅冲洗水分流处理

挤奶厅冲洗水主要由挤奶平台冲洗水和挤奶管道系统冲洗水两部分组成。挤奶平台冲洗水主要由少量粪尿和大量冲洗清水组成，冲洗水通过特定排水管道进行沉淀过滤，含有少量微生物的上清液进入鱼塘，为水生养殖提供基本饲料。沉淀粪便定期通过吸粪车收集晾晒，水分达标后作为牛床垫料使用。挤奶管道系统清洗水呈弱碱性，可以通过专一排水管道进入清水集水池，然后用于农田灌溉或回冲洗挤奶厅工作平台，循环利用。

2. 牛舍露天运动场的改造

对牛舍露天运动场增加移动顶棚。首先，雨天时可以避免运动场粪便与雨水混合，实现雨污分离，减少牧场粪污总产生量。其次，在炎热夏季，作为敞开式遮阳棚，不仅可以为奶牛提供通风良好且舒适的休闲躺卧区，有效减弱奶牛夏季热应激反应，提高奶牛身体健康水平、抗病力和平均生产力，而且可以减少牛舍风机、喷淋等环控设备运行耗能时间，节省牧场能耗成本。最后，舒适的运动场环境，使舍内 95% 的牛主动到此躺卧休息，牛粪尿集中在改造后回填 70～100 cm 厚牛粪垫料的运动场上，新鲜粪尿与原有干燥牛粪垫料混合，通过定时深耕翻抛和消毒，利用微生物耗氧发酵原理，使新鲜牛粪充分发酵干燥，转化为新的优质卧床垫料直接循环利用，从源头大大降低了日粪污处理量。以 1 000 头牛的牧场为例，按照"机械刮板＋污水回冲＋固液分离"工艺，牧场加顶棚运动场比露天运动场平均日粪污处理量缩减约 80%。

3. 定额定量管理

挤奶厅共有 4 名挤奶工，每人负责一段挤奶厅卫生责任区，经过多次考核试验确定每人每班次可用水量为 0.35 t。这是在保证牛乳质量（细菌总数和体细胞数在控制目标内）和挤奶厅卫生达标情况下的最高用水定额。挤奶厅用水定额管理的同时，各牛舍根据牛只数量、大小和生产情况计算出生产用水量，再经过多次考核制定标准用水量。因季节不同，冲刷饮水槽频次也不同（夏季每天一次，其他季节 2 d 一次），制定不同季节的冲刷饮水槽标准用水量。两项之和为此栋牛舍的标准用水量。

4. 建立考核机制

为了能够进行水量考核，每个责任人的水源处安装一块水表。考核不是简单地抄水表计算用水量，同时详细分析考核与用水有关的指标的完成情况。比如挤奶厅的卫生达标情况，牛乳质量中细菌总数和体细胞数等达标情况，牛舍内饮水槽卫生达标情况等。在完成相关各项指标后，每月每节约 1 t 水奖励 10 元。

海林养殖场现存栏奶牛 760 头，环保节水建设前，每天排入集污池的牛粪污 85 t，建设改造后，每天排入集污池的牛粪污降为 40 t，等于每天节水 45 t。海林养殖场现在采用聚丙烯酰胺和聚合氯化铝等材料进行污水处理，每吨污水处理成本 15 元。牧场内每使用 1 t 水需要耗用电费 1 元。一年下来可以节约费用 26.28 万元 $[(45 \times 15 + 45 \times 1) \times 365 = 26.28$ 万元$]$。

第二章 畜禽粪便清洁回用技术

第一节 清洁回用技术概述

一、清洁回用技术的概念

清洁回用技术是以综合利用和提高资源化利用率为出发点，通过在养殖场（小区）采用高度集成节水的粪便收集方式（采用机械干清粪、高压冲洗等严格控制生产用水，减少用水量）、遮雨防渗的粪便输送贮存方式（场内实行雨污分流、粪水密闭防渗输送）、粪便固液分离，实现液态粪水深度处理后回用（用于场内粪沟或圈栏冲洗等）和固体干粪资源化利用（堆肥、牛床或发酵床垫料、栽培基质、蚯蚓和蝇蛆养殖、碳棒燃料等），且符合资源化、减量化、无害化原则的粪便资源化利用技术。

清洁回用技术的特征是干粪和粪水经过处理后被回用。整个工艺流程环节多，工艺复杂，操作要求高，每个环节都稳定运行，才能实现回用目标。在选用具体工艺时，应根据养殖场的养殖种类、养殖规模、粪便收集方式、当地的自然地理环境条件以及排水去向等因素确定工艺路线及处理目标，并应充分考虑畜禽养殖废水的特殊性，在实现综合利用的前提下，优先选择低运行成本的处理工艺，并慎重选用物化处理工艺。

二、清洁回用技术的工艺流程

清洁回用技术是在严格控制养殖过程用水量的前提下,采用节水清粪等方式收集粪便。如图 2-1 所示,场内的粪水实行管网输送、雨污分流,经固液分离后,进行厌氧和好氧等过程的深度处理,消毒后回用于场内粪沟或圈栏等的冲洗。固体干粪通过堆肥,生产栽培基质、牛床垫料、碳棒燃料和养殖蚯蚓蝇蛆等方式处理利用。

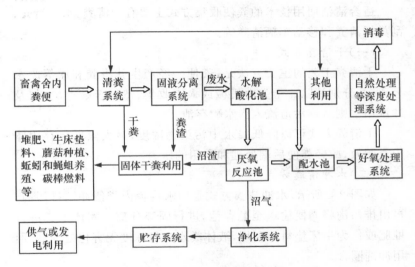

图 2-1 粪便处理与利用流程

三、清洁回用技术的适用范围

清洁回用技术能够对废弃物进行深度处理后完全回用或部分回用,废弃物排放要少或没有废弃物的排放,投资和运行成本较高,工艺技术水平高,运行管理要求也比较高,因此适合于社会经济发展水平相对较高的大中城市周围的规模较大的养殖场,尤其适用于新建或改扩建规模化猪场以及牛场。

第二节 收集方式

畜禽粪便的收集方式主要有干粪的收集、粪水的收集和网床漏缝集粪等。

一、干粪的收集

适合清洁回用技术的粪便收集方式主要有干清粪、水冲清粪、刮粪板清粪和移动车辆清粪等。

（一）干清粪方式

干清粪工艺的主要方法是，粪便一经产生就将粪和尿等废水分离，并分别清除。干粪由机械或人工收集、清理至贮存场；尿及冲洗用水则从排污道流入粪水贮存池。

干清粪方式可以降低粪水中污染物浓度，最大限度保存固体干粪肥效，减轻粪便后端处理和利用的压力。

（二）水冲清粪方式

如图 2-2 所示，水冲清粪方式是用水将舍内粪便冲到排污沟，再由排污沟将粪便输送至贮存池，进行固液分离。固体干粪进行堆肥或作为牛床垫料等利用，液体粪水经过深度无害化处理后，回用冲洗圈舍。

水冲清粪方式需要的人力少、清粪效率高、能保证舍内的清洁卫生，但产生粪水量大、北方冬季易出现粪水冰冻情况，主要适用于大型规模牛场使用。

（三）刮粪板清粪方式

如图 2-3 所示，刮粪板清粪机械由专业机械厂按照猪、牛、鸡、羊等不同畜种养殖栏舍尺寸大小设计安装。栏舍一端的外面需要配套集粪池等设施，集粪池容积大小要根据每天刮出的粪便量及

图 2-2　水冲清粪方式

图 2-3　牵引刮板清粪机

停留时间长短来确定。一般由刮粪板和动力装置组成。清粪时，动力装置通过链条带动刮粪板沿着地面前行，刮粪板将地面粪便推至集粪沟中或畜舍一边。这种方式操作简单、使用方便、安全可靠、清粪频率可调、运行噪声低、对畜禽影响低,极大地降低劳动强度,但设备初期投资相对较大,需要后期维护,适用于非发酵床养殖的畜禽养殖场。

(四)移动车辆清粪方式

如图 2-4 所示,清粪移动车分铲粪车和吸粪车两种。定期或不定期用铲粪车或吸粪车将栏舍粪便铲(吸)运送到贮粪点存放待用。

(a)铲粪车

(b)吸粪车

图 2-4 清粪移动车

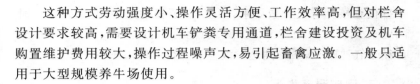

这种方式劳动强度小、操作灵活方便、工作效率高,但对栏舍设计要求较高,需要设计机车铲粪专用通道,栏舍建设投资及机车购置维护费用较大,操作过程噪声大,易引起畜禽应激。一般只适用于大型规模养牛场使用。

二、粪水的收集

(一)采用雨污分离

雨污分离是将雨水和养殖场所排污水分开收集的措施。雨水可采用沟渠输送,污水采用封闭式管道输送。建设雨污分离设施的内容包括建设雨水收集明渠和铺设畜禽粪污水的收集管道,保证雨水与粪污水完全分离。首先,在畜禽舍的屋檐雨水侧,修建或完善雨水明渠。雨水明渠的基本尺寸为 0.3 m×0.3 m,可根据情况适当调整。雨水经明渠直接流入一级生态塘。其次,在畜禽舍的污水直接排放口或污水收集池排放口铺设污水输送管道,管道直径在 200 mm 以上,采用重力流输送的污水管道管底坡度不低于 2%。将收集的畜禽污水输送到厌氧发酵系统的调浆池或进料池中进行处理,水质达标后再进行无害化排放。

由于雨水污染轻,经过分流后,可直接排入城市内河,经过自然沉淀,既可作为天然的景观用水,也可作为城市市政用水,因此雨水经过净化、缓冲流入河流,可以提高地表水的使用效益。同时,让污水排入污水管网,并通过污水处理厂处理,实现污水再生回用。雨污分离能提高污水收集率和处理率,避免污水对河道、地下水造成污染,明显改善环境,还能降低污水处理成本。

(二)配备足够的集污设施

粪水的收集一定要根据养殖场产生的粪水量匹配足够的集污设施容积,以使粪水充分得到好氧厌氧降解。贮存池要搭建遮雨棚,并且要做到防渗漏、防溢流。贮存池容积大小要根据养殖场每天产生的粪水量及存放时间长短来确定。按照国家对养殖场节能减排核查核算有关参数要求,预沉池(要搭建遮雨棚)粪水停留时间应不少于 12 h,进入沼气(厌氧)池后停留时间应不少于 10 d,再经曝气池曝气,最终到达贮液池后停留时间应不少于 60 d。

三、网床漏缝集粪

(一)猪

1. 高架全网床漏缝集粪式

栏舍总高度≥6.0 m,其中,下层高 2.0~2.5 m。宽度 8.5~10.5 m,其中,中央通道 1.2 m。长度 25~50 m。上下层之间采用内径为 12 mm 螺纹碳钢制成全网状漏缝,漏缝间隙尺寸小猪 10 mm,育成猪 12 mm。同时,在猪日粮中添加专用益生菌。猪养在网床上,粪尿通过漏缝间隙掉到下层。粪尿中仍然存留有大量微生物,可继续分解有机物质。每 3~5 d 按粪量的 3% 撒入锯末、谷壳或碎秸秆补充碳源,每 7~15 d 向粪堆喷洒 2%~3% 的专用微生物制剂。这样的粪便无异臭味,含水率 50%~60%,出栏一批猪后,将粪便直接包装卖给种植户或有机肥加工厂。

2. 高架网床下离体发酵垫料集粪式

栏舍总高度≥3.5 m,其中,下层高 0.8~1.0 m。宽度≥5~10.5 m,其中,中央通道 1.2 m。长度 25~50 m。上下层之间采用专业网床漏缝地板。下层用锯木屑或碎秸秆与微生物混合制成等同于网床长宽度、厚度为 40~50 cm 的发酵垫料。猪养在网床上,粪便通过网床漏缝掉到发酵垫料上,同时安装自动翻耙机定期翻耙发酵床,每 15~30 d 向粪堆喷洒 2%~3% 的专用微生物制剂。这样的粪便无异臭味,含水率 50% 左右,每半年至一年更换发酵垫料,可将更换出来的发酵垫料直接包装卖给种植户或有机肥加工厂。

3. 地面网床集粪式

栏舍总高度≥3.0 m,地面网床下建深≥0.8 m,宽等同于地面网床(全网床、半网床或$\frac{1}{3}$网床),长等同于整栋栏舍的贮粪槽(槽底可以是平面形或 V 字形),并安装牵引刮板清粪机。同时,在猪日粮中添加专用益生菌。猪养在地面上,经过调教的猪在网床处排出的粪尿通过漏缝间隙掉到贮粪槽中。粪尿中仍然存留有大量益生菌,可继续分解有机物质。这样的粪便无异臭味,含水率50%～60%。定期将粪便刮出栏舍一端的集粪池,直接包装卖给种植户或有机肥厂。

以上 3 种方式都必须采用饮水分流装置,确保猪饮水时滴漏的水外排而不进入粪便或垫料中。

(二)牛

1. 发酵垫料养殖集粪式

栏舍建设采用对头双列式。栏舍总高度 4.5 m。总跨度24 m,其中,中间饲料通道 4 m。两侧的栏舍宽 10 m,长 12 m。每个隔栏 120 m²,养殖育成牛按每头约 12 m² 计。栏舍屋顶天面两侧各用彩钢瓦盖 4 m 再向两侧加盖采光瓦各 6 m。地面的滴水两侧各建一条雨水渠道。用锯木屑等添加专用微生物搅拌后铺于隔栏地面 5～10 cm 厚做垫料,每隔 3～4 个月更换垫料一次。如果是养殖泌乳牛则垫料栏舍面积按每头约 15 m² 计。发酵垫料厚度50 cm 左右,连用 3 年,其间视粪便情况适当补充新的益生菌垫料,或将原垫料清理一部分出来再补充新的益生菌垫料,保持垫料湿度在 45%～55%。每 2～3 d 用机械对垫料做 25 cm 左右深翻抛,粪便集中较多的地方还要辅助人工翻抛。牛的粪尿直接排到垫料中,无异臭味。可将清理更换出来的发酵垫料直接包装卖给种植户或有机肥厂。

2. 高架网床养殖集粪式

栏舍总高度 4.5～5 m,其中,底层高度 1.8～2 m。牛养殖在上层,1.6～1.8 m 宽的牛床采用水泥地板,牛床边缘至外墙 1.1 m

是螺纹钢网床。牛的粪尿通过网床漏到底层。每 3～5 d 按粪量的 3% 撒入锯末、谷壳或碎秸秆补充碳源,每 7～15 d 向粪堆喷洒 2%～3% 专用微生物制剂。这样的粪便无异臭味,可每 3～4 个月清理包装卖给种植户或有机肥厂。

第三节　贮存方式

贮存设施是畜禽干粪和粪水处理及清洁回用过程必不可少的基础设施。畜禽干粪和粪水在处理和利用前必须存放在一定的设施内。《中华人民共和国环境保护法》和《畜禽规模养殖污染防治条例》要求畜禽养殖场、养殖小区根据养殖规模和污染防治的需要,建设相应的畜禽粪便、粪水贮存设施。粪便贮存方式需与收集方式和处理利用方式匹配。

一、干粪贮存

(一)选址

应根据养殖场面积、规模以及远期规划选择畜禽干粪贮存设施的建造地址,并做好以后扩建的计划安排。贮存设施的选址应远离各类功能地表水体,设在养殖场生产及生活管理区常年主导风向的下风向或侧风向处,距离各类功能地表水源不得小于 400 m。同时应满足畜禽场总体布置及工艺要求,布置紧凑,方便施工和维护,与畜禽场生产区之间保持 100 m 以上的距离,以满足防疫要求。此外,不能建在坡度较低、水灾较多的地方,以免在雨量较大或洪水暴发时,池内粪水溢出而污染环境。

(二)贮存设施

宜采用地上带有雨棚的"Ⅱ"形槽式堆粪池。

1. 地面

(1)地面为混凝土结构。

（2）地面向"Ⅱ"形槽的开口方向倾斜。坡度为 1‰,坡底设排渗滤液收集沟,渗滤液排入粪水贮存设施。

（3）地面应能满足承受粪便运输车以及所存放粪便荷载的要求。

（4）地面应进行防水处理。地面防渗性能要达到《给水排水工程构筑物结构设计规范》（GB 50069—2002）中抗渗等级 S6 的要求。

（5）地面应高出周围地面至少 30 cm。

2. 墙体

墙高不宜超过 1.5 m,采用砖混或混凝土结构、水泥抹面;墙体厚度不少于 240 mm,墙体要防渗,防渗性能要达到 GB 50069 中抗渗等级 S6 的要求。

3. 顶部

如图 2-5 所示,顶部设置雨棚,雨棚可采用玻璃钢瓦等抗风防压材料,下弦与设施地面净高不低于 3.5 m,方便运输车辆进入。

图 2-5　干粪贮存设施

（三）其他

固体干粪贮存设施应设置雨水集排水系统，以收集、排出可能流向贮存设施的雨水、上游雨水以及未与废物接触的雨水。雨水集排水系统排出的雨水不得与渗滤液混排。

应采取措施对粪便存放过程中排放的臭气进行处理，防止污染空气。畜禽粪便贮存过程中恶臭及污染物排放应符合《畜禽养殖业污染物排放标准》（GB 18596—2001）。

贮存设施周围应设置绿化隔离带，并应设置明显的标志以及围栏等防护设施。

宜设专门通道直接与外界相通，避免粪便运输经过生活及生产区。

应定期对贮存设施进行安全检查，发现问题及时解决，防止突发事件的发生。同时由于贮存过程可能会排放可燃气体，因此应制定必要的防火措施。

二、粪水贮存

（一）选址

养殖粪水贮存设施应根据远期规划合理选择建造地址，同时应远离各类功能地表水体，并设在养殖场生产及生活管理区常年主导风向的下风向或侧风向处，距离各类功能地表水源不得小于400 m。同时应充分考虑养殖场整体布局，粪水所采用的处理工艺以及后续的粪水回用的方式，布置紧凑，尽量减少粪水运输环节；利用当地的地形条件，方便施工和维护，减少占地面积；与畜禽场生产区相隔离，满足防疫要求。

（二）贮存设施

粪水贮存设施有地下式和地上式两种。土质条件好、地下水位低的场地宜建造地下式贮存设施；地下水位较高的场地宜建造地上式贮存设施。根据场地大小、位置和土质条件，可选择方形、长方形等建造形式。

（三）一般要求

如图 2-6 所示,贮存设施的用料应就地取材,利用旧河道池塘洼地等修建,当水力条件不利时宜在粪水贮存池设置导流墙对四壁采取防护措施。

图 2-6　粪水贮存设施

1. 四周壁面和堤坝

贮存设施的高度或深度不超过 6 m。四周壁面采用不易透水的材料,建筑土坝应用不易透水材料做心墙或斜墙。土坝的顶宽不宜小于 2 m,石堤和混凝土堤顶宽不应小于 0.8 m,当堤顶允许机动车行驶时其宽度不应小于 3.5 m。坝的外坡设计应按土质及工程规模确定,土坝外坡坡度宜为 4:1～2:1,内坡坡度宜为 3:1～2:1。在贮存设施内侧适当位置(粪水进水口、出水口)设置平台、阶梯。壁面的防渗级别应满足 GB 50069 中抗渗等级 S6 的要求。

2. 底面

贮存设施底部应高于地下水位 0.6 m 以上;底面应平整并略具坡度倾向出口,当塘底原土渗透系数大于 0.2 m/d 时应采取防渗措施,防渗级别应满足 GB 50069 中抗渗等级 S6 的要求(图 2-7)。

图 2-7　贮存池底面处理

3.其他

地下式粪水贮存设施周围应设置导流渠,防止雨水径流进入贮存设施内;进水管道直径最小为 30 cm;进水口和出水口设计应尽量避免在设施内产生短流、沟流、返混和死区;进口至出口方向应避开当地常年流行风向,宜与主导风向垂直。地上粪水贮存设施应设有自动溢流管道。粪水贮存设施周围应设置明显的标志或者高 0.8 m 的防护栏;在贮存设施周围设置环境净化带缓冲区,种植环保型植被。

(四)高密度聚乙烯膜粪水贮存池

近年来,高密度聚乙烯膜(HDPE 膜)铺设在粪水贮存池底部和四壁的形式也较为常见。在工程应用方面,防渗膜施工简便,只要将池子挖好并做相应整平处理,不需要打混凝土垫层,因此施工速度更快;另外,HDPE 膜防渗系数高,抗拉伸机械性强、使用寿命长等,将 HDPE 膜铺设在粪水贮存池底面和四壁,相比较混凝土结构,成本低,适合在黏性土质、地下水位较低的地区建设。

采用 HDPE 膜建造粪水贮存设施的施工顺序为:粪水池基面

修整→基面验收→防渗膜（HDPE 膜）铺设→防渗膜（HDPE 膜）接缝焊接→与周边连接锚固→防护层铺设→验收，其中铺设 HDPE 膜是整个防渗系统施工中的一道关键工序。铺设前要开包检查 HDPE 膜是否有损伤、孔洞和折损等缺陷。在铺设边坡时，要将进水管、出水管等预埋件预埋，边坡铺设好后，再铺设底部，膜与膜之间接缝的搭接宽度不小于 100 mm，接缝排列方向平行于最大坡脚线，HDPE 膜焊接缝宽度范围内有两道焊缝，每道焊缝宽度不小于 10 mm，焊缝处 HDPE 膜熔接为一个整体，不允许出现虚焊、漏焊或过焊。

第四节　固液分离

固液分离是畜禽粪便处理过程中的重要前期步骤。固液分离技术常采用机械或非机械的方法，将粪便中的固体和液体部分分开，然后分别对分离物质加以利用。机械的方法是采用固液分离机，非机械的方法是采用格栅、沉淀池等设施。目前，出于环境与经济的双重考虑，倾向于采用固液分离机对粪便进行处理。

一、固液分离设备

固液分离系统（图 2-8）的主要构筑物及设备有：固液分离平台（放置固液分离机用）、集污池（内装切割进料泵、搅拌机、液位仪）、污水池（内装回冲泵及液位仪）。

（一）固液分离机

目前在我国应用固液分离机对养殖场粪便进行前处理已成为应用最广泛、技术相对成熟的固液分离方法。适用清洁回用的固液分离设备主要有螺旋挤压固液分离机、带式压滤固液分离机、离心分离机和筛分式洗涤脱水机 4 种。

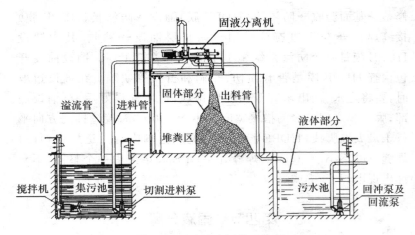

图 2-8　固液分离系统示意图

1. 螺旋挤压固液分离机

如图 2-9 所示,螺旋挤压固液分离机是一种相对较为新型的固液分离设备,是目前畜禽粪便固液分离中应用最广的一种设备。它主要用于易分离的粪水,如新鲜猪粪便等。

图 2-9　螺旋挤压固液分离机

粪水固液混合物从进料口被泵入螺旋挤压固液分离机内,安装在筛网中的挤压螺旋以一定的转速将要脱水的原粪水向前携进,通过口螺旋挤压将干物质分离处理出来,液体则通过筛网筛出。为了掌握出料的速度与含水量,可以调节主机下方的配重块,以达到满意适当的出料状态。也可更换筛网孔径调整出料状态,筛网孔径有 0.25 mm、0.5 mm、1 mm 等不同规格。经处理后的固态物含水量可降到 65% 以下,再经发酵处理,掺入不同比例的氮、磷、钾,可制成高效的复合有机肥。螺旋挤压固液分离设备较振动筛分固液分离设备更适宜于发酵后粪浆的分离。螺旋挤压固液分离机表现出更高的生产能力,可连续工作,处理效率高,有较好的分离效果,结构简单,人工成本及维修成本较低。最主要的缺陷是,在分离以前需要将原粪水用搅拌器搅拌均匀,从而使粪水中大量的固态有机物溶解在水中,加大废水后处理难度。螺旋挤压分离机主要用于对出水要求不高的情况,或原粪水固液分离后,分离后的液体发酵制沼气的情况。

2. 带式压滤固液分离机

畜禽粪便与一定浓度的絮凝剂在搅拌池中充分混合以后,粪便中的微小固体颗粒凝聚成体积较大的絮状团块,同时分离出液体,絮凝后的粪便被输送到重力脱水区的滤带上,重力去液,形成不流动状态的污泥,然后夹持在上下两条滤带之间,经过楔形预压区、低压区和高压区在由小到大的挤压力、剪切力作用下,逐步挤压,最大化固液分离,最后形成滤饼排出。带式压滤固液分离机主要用于加絮凝剂后絮凝效果较好的废水,用于好氧污泥的处理效果极佳。带式压滤固液分离机(图 2-10)具有处理能力大、操作管理简便、滤饼含水率低、无振动、无噪声、能耗低等优点。由于利用滤带使固液分离,为防止滤带堵塞,需高压水不断冲刷。絮凝剂加药量大,需定期更换滤带。

图 2-10 带式压滤固液分离机

带式压滤固液分离机的脱水辊系的压榨方式有相对辊式和水平辊式两种。水平辊式为面压力和剪切力,相对辊式则为线性压力。水平辊式布置产生的面压力小于相对辊式布置产生的线压力。相对辊式一般用于需要高压脱水的湿物料,而高压机组结构造价较高,较为笨重,成本也较大。对于畜禽粪便的粪尿固液分离,最终的出料含水率达到80%左右即可,所以从各个方面考虑,水平辊式就可充分满足需要。水平辊式中的压榨效果主要由剪切力产生,面压力也起着不可或缺的作用。其优点是连续生产、生产效率高。缺点是滤布磨损大,需定时冲刷滤布和压板、费时费钱,投资高,活动部件多,污泥到处积累,保养量大。

3. 离心分离机

离心分离利用固体颗粒和周围液体的密度差异,使不同密度的固体颗粒加速沉降分离。离心分离机是一种通过提高加速度来达到良好固液分离效果的固液分离设备。离心分离机的优点是分离速度快、分离效率高;缺点是投资大能耗高。用于畜禽粪便的离心分离机主要有过滤离心机和卧式螺旋离心机(图 2-11)。卧式螺旋离心机转鼓与螺旋以一定差速同向高速旋转,悬浮液通过螺旋输送器的空心轴进入机内中部,由进料管连续引入螺旋内筒,加速后进入转鼓,在离心力场作用下,固相物沉积在转鼓壁上形成沉渣层。输送螺旋将沉积的固相物连续不断地推至转鼓锥端,经排渣口排出机外,液相则形成内层液环,由转鼓大端溢流连续溢出转鼓,经排液口排出机外。卧式螺旋离心机主要用于分离格栅和筛网等难以分离的、细小的及密度小又与粪水中悬浮物密度极其相近的水中悬浮物成分。

图 2-11　卧式螺旋离心机

4. 筛分式洗涤脱水机

将颗粒大小不同的混合物料,通过单层或多层筛子而分成若干个不同粒度级别的过程称为筛分。水力筛一般均采用不锈钢制成,用于杂物较多、纤维中等的粪水,如猪粪便水、鸡粪便水等,进行粗分离。用于畜禽粪便分离的筛分机械主要有斜板筛和振动筛(图 2-12 和图 2-13)。

筛条截面形状为楔形的斜板筛,用于粪便分离具有结构简单、不堵塞等特点。但固体物质去除率较低,一般小于 25%。分离出的固体物含水率偏高,不便进一步处理。将物料稀释后在筛板上过滤,需要加入大量的稀释水,洗去大量的有机质养分,同时新增加大量的废液,增大后续处理的废液量和处理难度,降低生产有机肥的质量。

图 2-12　斜板筛

图 2-13　振动筛

（二）集污池及其设备

集污池的主要功能是收集粪便水。由于畜禽舍冲洗水排放的不稳定性，因此集污池的另一个功能是调节水量，保证后续固液分离机的稳态连续运行。集污池内装有搅拌机和切割进料泵。搅拌机将干粪和粪水搅拌调节稀释均匀,以保证进料的均匀;切割进料泵能将粪便中的杂草等纤维物质切碎后连同粪便水一并提升至固液分离机。

考虑集污池的收集、调节功能,其容积一般至少应足以容纳整个养殖场 2～3 d 产生的总粪便量,为保证搅拌效率和效果,其有效深度还应满足搅拌机对最小池深(一般不宜小于 3 m,最低不宜小于 2.5 m,以保证有效发挥搅拌机效能)的要求。

1. 搅拌机

主要用于对粪便混合液进行混合、搅拌和环流,为切割进料泵和固液分离机创造良好的运行环境,提高泵送能力,有效阻止粪便中悬浮物的沉积,避免对管路造成阻塞,从而提高整个系统的处理能力和工作效率。牛场粪便含有较多的纤维杂质,且带有一定的腐蚀性。因此,应选择材质耐腐蚀性强、搅拌力度大的搅拌机,以满足使用环境要求,并保证搅拌效果。如图 2-14 所示,搅拌机整体采用铸铁材料,叶轮和提升系统采用不锈钢材质,耐腐蚀性强,

图 2-14 搅拌机

可在 pH 5～12 的酸碱范围内工作。同时带有专用的安装起吊系统，无须排出池内粪水，即可快速安装和拆卸潜水搅拌机；提升系统带有行星齿轮盒，可以根据池内的液面高度调整搅拌高度及角度。

选择搅拌机时，可根据物料的种类、数量、池体的池形系数等综合确定。以集污池为例，考虑一定的缓冲能力，集污池一般设计有效容积为贮存 2～3 d 的粪便量。根据集污池容积、池形系数、粪便曲线类型、单位能耗值计算所需搅拌机功率，然后对照搅拌机型号再提升 1～2 级。如日处理 300 m³ 牛场粪便水，集粪池设计为 630（15×12×3.5）m³，可选一台 18.5 kW 搅拌机或两台 9 kW 搅拌机。实际工程中，可做适当调整。

2. 切割进料泵

主要用于为固液分离机创造一个稳定的进料环境。如图 2-15 所示，切割进料泵带有双重切割功能，能有效切碎粪便中的纤维杂质，同时还带有专用提升系统，安装、拆卸方便，在不排空池水的情况下，即可实现设备的安装、检修。切割进料泵可抽取的粪便水固形物含量最高可达 12%，适用于牛场的粪便处理。

图 2-15 切割进料泵

3. 液位仪

主要通过高低液位的控制来实现分离系统的自动启闭。图 2-16 所示液位仪为浮子式液位仪。不同的液位控制点可以在有效池深范围内自由设定。对于固液分离系统，当池内粪便水液位到达高液位时，搅拌机、切割进料泵及分离机自动启动；随着分离机对粪便水的不断处理，当池内液位下降到设定的低液位时,则分离机、搅拌机、切割进料泵等自动关闭。

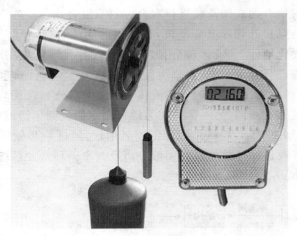

图 2-16　浮子式液位仪

（三）污水池及其设备

污水池的主要功能是容纳固液分离后的液体部分,并作为循环回冲水池,兼有沉淀池的功能。分离出的液体部分在污水池经过自然沉淀后,上清液处理后可循环利用作为粪沟和清粪通道的冲洗水,其余的可以稀释灌溉农田、厌氧发酵产沼气或经进一步处理后达标排放。污水池的容积在设计时需要考虑每次清粪的回冲水量,并兼顾回冲泵的流量,有效容积一般不小于整个养殖场一次回冲水量。污水池内主要有回冲泵和液位仪。应考虑整个回冲系统中回冲管道末端流量和水头压力的要求,并综合冲洗管道的总扬程损失来选择回冲泵。

二、固液分离流程

畜禽舍内粪便经机械刮板或水冲工艺清理之后进入集污池,集污池内安装有切割进料泵和搅拌机。由于粪便中含有固体干粪、垫料、动物杂毛等大量固形物及杂质,因此,需要用集污池内的搅拌机对所有的粪便持续进行混合、搅拌,混合均匀后的粪便再由切割进料泵提升到固液分离机,分离出的固体直接落到分离平台下方的硬化地面上,液体部分排放至污水池。经过固液分离后的固体干粪部分含水率低,运输方便,可加工生产有机肥,也可在晾晒、消毒后将其作为牛床垫料;液体一部分经处理后可循环用于回冲清粪通道或粪沟,另一部分作为稀释用水回流到集污池中,多余的粪水经处理后可稀释作为农田灌溉用水,或进一步做厌氧发酵生产沼气或达标排放处理。固液分离及粪水循环水冲系统工艺如图 2-17 所示。

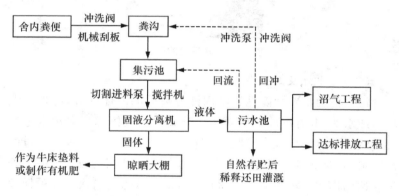

图 2-17　固液分离及粪水循环水冲系统工艺

　　此外,要注意集污池、污水池应离分离机近些,否则主要靠自然落差不能满足液体排放要求。若距离远,可增大排液管径;距离过远时可增加一个中转池。切割进料泵应与分离机位置、进料口对应;搅拌机应布置在粪沟入口同侧并适当远离入口,安装方向要能顺势对粪便进行推流搅拌,最大化地实现搅拌均匀;液位仪应避开粪沟入口、搅拌机,尽量避免进水冲击或搅拌水流推动。具体分布见图 2-18。

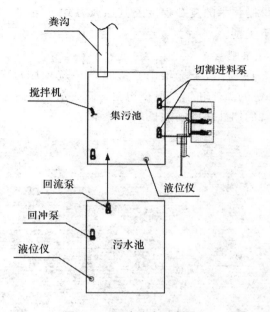

图 2-18　固液分离区布置

第五节　处理与利用技术

一、干粪处理与利用

（一）堆肥

堆肥是利用微生物好氧发酵有机废弃物使之稳定化和农肥化的方法。堆肥不仅能杀死绝大部分病原微生物、寄生虫卵和杂草种子，还能增加土壤中氮、磷、钾的含量。因此，堆肥是畜禽粪便资源化利用的重要接口技术。通过堆肥把畜禽粪便消纳于农田，实现了畜禽粪便的资源化利用，变废为宝，不仅减少了环境污染，还促进了农业生态系统的良性循环。

根据堆肥技术的复杂程度及其通风方式不同,畜禽粪便堆肥技术有如下类别。

1. 条垛堆肥

如图 2-19 所示,条垛堆肥系统是从传统堆肥逐渐演化而来的,将混合好的粪便和辅料混合物在土质或水泥地面上排成行,通过机械设备周期性地翻动的长条形堆垛。

图 2-19　条垛堆肥

条垛的高度、宽度和形状随原料的性质和翻堆设备的类型而变化。条垛的断面可以是梯形、不规则四边形或三角形,常见的堆体高 1~1.2 m,宽 2~8 m,长度可根据堆肥物料量和堆场的实际位置来确定,一般在 30~100 m。条垛堆肥的氧气主要是通过条垛里的热气上升形成的自然通风进行供氧,同时翻堆过程中的气体交换也可在一定程度上供氧。堆肥过程中要对条垛进行周期性的翻动,使其结构得到调整。条垛堆肥的翻堆主要通过翻堆机完成,机器的使用大大地节省了劳力和时间,使原料能充分混合、堆肥也更加均匀。

条垛堆肥的最大优点在于设备投资低,简便易行,目前已得到广泛应用。缺点是堆垛的高度相对较低、占地面积相对较大,堆垛发酵和腐熟较慢,堆肥周期长,如果在露天进行条垛堆肥,不仅有臭气排放,而且易受降雨等不良天气的影响,因此,建议在简易大棚中进行条垛堆肥,以便于臭气的收集和处理。

2. 强制通风静态堆肥

强制通风静态堆肥是通风管道与风机相连、由正压风机和管道及料堆中的空隙所组成的通风系统对物料堆进行供氧的堆肥方法。由于料堆中的空隙是通风系统的组成部分,因而堆体中的空隙率很重要,理论上 30% 最佳。与条垛堆肥不同之处是堆肥过程中不进行物料的翻堆,有专门的通风系统为堆体强制供氧。强制通风静态堆肥堆体相对较高(通常为 1.5～2.0 m)(图 2-20),长度受气体输送条件的限制,如果堆体太长,距离风机最远的位置就难以得到氧气,导致部分堆肥不能腐熟。通常需要在畜禽粪便中添加辅料来维持堆体良好的通气性结构。强制通风静态堆肥堆体下可能会有渗滤液,应采取一定的措施对渗滤液进行收集和适当处理。

图 2-20 强制通风静态堆肥

由于静态堆肥不进行翻堆,通风系统的正常运行对堆肥至关重要。风机的运行常用时间控制和温度控制两种方法。时间控制法即采用定时器控制通风,是一种简单而又廉价的方法。该方法可通过控制时间来提供足够的空气以满足堆体对氧气的需要,但这种方法并不能使堆体保持最佳的温度,当堆体温度超过一定的限度后,堆体发酵的速度反而会受到限制。温度控制法为保持最佳堆体温度,采用温度传感器进行实时监控,当堆体的温度达到设定的高温点时,风机启动起到降温的作用,当堆体冷却到设定的低温点时,系统则会关闭风机。

强制通风静态堆肥系统的优点在于:该系统堆体相对较高,占地面积较小;系统中供氧充足,堆肥发酵时间为 4 周,使堆肥系统的处理能力增加;通常在室内进行,可进行臭气收集和除臭处理。该系统的缺点是投资比条垛堆肥系统高;尽管通风系统中风机的功率小,但仍需要一定的运行费用。

3. 槽式堆肥

槽式堆肥是堆肥过程发生在长而窄的被称作"槽"的通道内,通道墙体的上方架设轨道,在轨道上有一台翻堆机可对物料进行翻堆的堆肥方式(图 2-21)。大部分堆肥场为了实现快速堆肥,还在发酵槽底部铺设曝气管道对堆体进行通风,将可控通风与定期翻堆相结合。由于沿着槽的长度方向放置的原料处于堆肥过程的不同阶段,因而沿着长度方向将槽分成不同的通风带。槽式堆肥系统可使用多台风机,每台风机将空气输送到槽的一个区域,并由温度传感器或定时器独立控制。

槽式堆肥设施的堆料深度通常为 1.2～1.5 m,其容量由槽的数量和面积决定,槽的尺寸必须和翻堆机的大小保持一致。槽的长度和预定的翻堆次数决定了堆肥周期,通风槽式堆肥系统的建议堆肥周期为 2～4 周。为了保护机器设备并控制堆肥条件,堆肥槽通常建造在建筑物或温室内,在温带的气候条件下,则仅需加上顶棚即可。

图 2-21　槽式堆肥

　　槽式堆肥系统的自动化程度高,翻堆机通过控制器可自动运行。槽式翻堆机配备了移行车,搅拌机沿槽的纵轴移行,在移行过程中搅拌堆料;多数槽式翻堆机能从一个槽转移到另一个槽上,因而一台翻堆机可以用于多个槽的翻堆,提高设备使用效率。

　　槽式堆肥系统的最大优点是占地面积小、堆肥周期短、堆肥产品质量均匀以及节约劳动力。一些大型堆肥厂采用槽式堆肥,日处理规模可达到 500 t 以上。其缺点是该系统需要购置搅拌机,且搅拌机的功率较大,因而投资成本和运行费用均高于强制通风静态堆肥和条垛堆肥系统;搅拌机与堆料接触部分高速旋转易磨损,且与粪便混合物直接接触容易被腐蚀,需要进行维护和更换。

　　4．转筒式堆肥

　　转筒式堆肥是指在可控的旋转速度下,发酵物料从上部投加,从下部排出,物料不断滚动从而形成好氧的环境来完成堆肥。转筒式堆肥设备由直径 2.5～4.5 m,长 20～40 m 的机械旋转的滚筒组成,向滚筒吹入热风,物料从一端进另一端出,发酵周期1.5～2 d。该技术自动化程度较高,生产环境较好,发酵较快,脱水效果好。缺点是前期投入高，一次性投资较大，运行费用较高。

5. 发酵仓系统

发酵仓系统又称反应器堆肥系统，是将物料置于部分或全部封闭的容器（如发酵仓、发酵塔等）内，控制通气和水分条件，同时采用优化筛选菌种发酵，使物料发生生物降解和转化的体系。发酵仓系统可以在一个或几个容器内进行，具有高度机械化和自动化的特点，并可收集堆肥过程产生的废气，减轻对环境的二次污染。发酵仓系统目前在发达国家使用较普遍。

（1）立式发酵塔　如图 2-22 所示，立式发酵塔技术从筒仓顶部进料、底部出料，利用通风系统使空气从筒仓的底部通过堆料，在筒仓的上部收集和处理废气。新鲜的畜禽粪便和各种辅料，搅拌均匀后经皮带或料斗设备提升到塔式反应器的发酵筒仓内，物料被连续或间歇地加入塔式反应器，通常允许物料从反应器的顶部向底部周期性地移行下落，同时在塔内通过翻板的翻动或风管进行通风、干燥。

图 2-22　塔式堆肥

优点：物料在筒仓中垂直堆放，占地面积很小，自动化程度高，因而省地省工；发酵周期短；堆肥在封闭的容器内进行，没有臭气污染。

缺点：这种堆肥方式需要克服物料压实、温度控制和通气等问题，因为物料在仓内得不到充分混合，必须在进入筒仓之前就混合均匀；相对投资较大；设备维修困难。

（2）包裹式发酵仓　混匀的物料从发酵仓顶部进入并充满反应器，占据整个发酵仓。具有分支管路的通气管道在发酵仓底部，废气由反应器上部的废气管道排出，出口略低于混合物的上表面，通过抽气的方式对废气进行收集处理。进料和出料可以是间歇的或连续式的。产品由反应器的下部出口运走，物料在反应器的移动以推流式方式进行。

（3）旋转式发酵仓　根据物料在反应器内的移动方式又分为以下两种类型。

①推流式：物料从仓体的进料口进入，沿仓体移动到反应器末端的出料口，物料通过发酵仓的旋转翻滚而达到混合。空气可以采用正压和负压方式通过流程中的一系列喷口进行分配，通过对温度的监测来调节堆肥过程中的通气量。这是目前普遍采用的发酵仓系统。该系统的优点是通气阻力小；缺点是发酵不充分，容易产生压实现象，通气性能差，产品不易均质化。

②分割式：沿物料流动方向，反应器被分为一个个小室，在不同的室内，物料可以进行不同时间、不同堆腐条件的堆腐，物料从一个小室移入另一个小室，最后进入出料口被移走。物料的移动通过传送带进行。在每个小室中，物料通过旋转破碎机械设备而破碎混合。

（二）养殖垫料

利用猪、奶牛的粪便含有较多的纤维类物质以及经微生物作用后较为松软的特性，可将其作为自然发酵床饲养系统中的发酵床原料或奶牛卧床垫料。

在实施发酵床养殖的畜舍,粪便不需清理,可直接作为发酵床原料,并被分解消纳。以发酵床养猪为例,是将锯末等垫料填充到猪舍内事先挖好的深坑中,填充后和地面平齐,厚度一般在 90 cm 左右。利用猪在垫料表面的活动,将其排泄的粪便与垫料混合。经过一段时间后,垫床形成了一个上部为好氧、下部为厌氧的适于微生物生长繁殖的环境,通过微生物的作用将粪便等物质分解和转化,同时产生大量的发酵热。尿液等液体被垫料吸收,水分会随发酵过程产生的热量蒸发到环境中。为加快微生物的作用过程,需在垫料中添加一定比例的活性微生物制剂。

发酵床养猪的特点是:

(1)节能环保,减轻劳动强度。利用发酵床自身产热维持舍内温度和躺卧区温度,不需要额外加热。无须清粪,不会产生粪水,实现了污染物的"零排放",减轻了养猪业对环境的污染。

(2)有利于猪的活动,行为习性得到较好的满足,有利于提高猪自身的抗病力和免疫力,改善猪的健康水平,促进猪的生长发育。

(3)节省饲料和药费,猪可以从垫料中获得部分营养,可减少一部分饲料用量。利用猪自身健康水平的提高减少药物使用,既节约成本,又减少了猪肉中的药物残留。

(4)垫料可反复使用,形成的猪舍环境相对稳定。长时间的发酵,使垫料和粪便清出后可直接作为有机肥使用。

发酵床养猪也存在一些诸如垫料来源不足、湿度过大、粉尘浓度过高、无法进行常规的防疫消毒等问题。另外,在温度较高的夏季,采用这种方式会因垫料产生过多的发酵热导致舍温过高,猪无法在发酵床上生活;冬季一旦饲养密度太小,或仔猪阶段排泄量不够,会影响垫料中微生物的正常繁殖和活动,导致产热量较少,不足以维持适宜的舍温,需注意冬季微生物产热不足的问题。

（三）食用菌的栽培基

食用菌的栽培基主要为食用菌的生长提供水分和营养物质等。由于畜禽干粪中含有大量的营养物质和丰富的矿物质元素，故可以使用畜禽干粪作为食用菌的栽培基。

畜禽干粪所含的有机氮比例高，占总氮量的 $60\%\sim70\%$，是很好的氮源，但其碳含量相对有限，而蘑菇要求培养料堆制前的C/N（碳氮比）为 33∶1，故必须在畜禽干粪中加入碳含量较高的材料，如稻草或玉米秆，并添加适当的无机肥料。对畜禽干粪进行高温干燥等预处理，处理后的干粪物料与传统的食用菌培养基材料，如玉米芯、棉籽壳及作物秸秆等以适当比例相混合，便可以用来制作食用菌的培养基。

牛粪含有粗蛋白、粗脂肪、粗纤维及无氮浸出物等有机物质和丰富的氮、磷、钾等，较适合制作食用菌的栽培基。由于牛粪中含有大量的菌类，在使用牛粪作为栽培基之前，必须要通过暴晒等方式对牛粪进行杀菌灭虫。使用牛粪制作食用菌的培养基时，首先要在牛粪中加入一定的辅料（如秸秆、稻草等）堆制发酵。目前发酵后的牛粪主要用来培养平菇。

使用牛粪栽培食用菌的具体工艺为：先将新鲜的牛粪在强光下暴晒 $3\sim5$ d，直至牛粪表面的粗纤维物质凝结成块，也可采用固液分离后的固体物料。然后加入含碳量较高的稻草或秸秆以调节碳氮比，再添加适当的无机肥料、石膏等，使用捶捣等方式将其充分混合。最后将牛粪混合物进行堆制发酵，直至水分为 $60\%\sim85\%$ 时，便可作为培养基栽培食用菌。

二、粪水处理与利用

固液分离形成的粪水，经深度处理消毒后，主要用于养殖场内回冲清粪通道和粪沟、冲洗圈栏等。

（一）回冲清粪通道和粪沟

以奶牛场为例。牛舍清粪通道及场内粪沟需要经常用水清洗。水冲系统需要的人力少、效率高，可以保证牛舍的清洁和奶牛的卫生。夏季温度较高时，水冲系统还可以降低牛舍温度，尤其适合南方牛舍。为了节省冲洗用水，可以将经固液分离处理后的牛场粪水进行深度处理，作为冲洗用水回用。目前回冲粪沟及清粪通道的粪水无明确的处理标准，一般认为其含水率须达到95％以上，在冲洗过程中，不存在循环回流时沉淀堵塞管道的固体物质即可。

水冲清粪对牛舍清粪通道的地面形式、坡度以及卧床高度有一定的要求。清粪通道一般建议选用齿槽状地面形式。综合考虑用水量及奶牛站立的舒适性，一般选用2％的坡度。同时，应保证牛卧床高度不小于冲洗水高度，避免冲洗水漫过卧床。

一般用于牛舍粪沟、地面冲洗的回用水冲洗系统需要配套水塔、冲洗泵等设施设备。用于牛舍的水塔冲洗系统不需要配置大功率冲洗泵，运行、维修费用相对较低，比较适合场区面积较大的奶牛场。但如果要求多个水塔联动，一般很难实现冲洗的自动控制。尤其是北方冬季，水塔冲洗容易造成地面结冰而无法使用。对于挤奶厅，采用大功率的冲洗泵才能满足冲洗水量的要求，其运行成本较高，一般不适用于牛舍地面的冲洗。

在水冲系统中，根据冲洗阀的形式，可分为简易放水阀冲洗方式和气动冲洗阀冲洗方式两种。冲洗水塔＋简易放水阀方式结构简单、造价低，但其冲洗力度较小，相同条件的牛舍所需冲洗水量更大，且冲洗时由于冲洗水流出水方向不能与地面实现更好的衔接，冲洗后地面清洁度相对较差。

冲洗水塔＋气动冲洗阀方式要求冲洗水塔的容积不宜小于该组冲洗阀一次冲水的水量，水塔高度一般不宜小于6 m。水塔系统设有上水管道和出水管道，并配备控制支管启闭的气动阀。上水管道连接水塔补水泵,出水管道连接牛舍或待挤厅地面冲洗阀。冲洗时,出水管道上的气动阀开启,水塔内的水依靠重力通过各地面冲洗阀瞬间释放到清粪通道,达到冲洗粪便的目的。这种水冲清粪工艺的优点为冲洗力度大,牛舍地面清洁度高,能保证牛舍的清洁和奶牛卫生,粪便容易输送,劳动强度小,后期维护费用低。缺点是耗水量大,冲洗水要求有及时、足够的补给,前期工程投资费用较大,适合气温较高的地区。

冲洗阀(图 2-23)是近年刚从国外引进的冲洗设备,其冲洗范围广,可以辐射 6 m 宽的冲洗面,特别适合待挤厅地面的冲洗,并且容易实现自动控制。冲洗阀主要分为嵌入地面式冲洗阀以及出地面式冲洗阀。嵌入地面式冲洗阀不影响奶牛的行走,但是水力损失较大;出地面式冲洗阀影响奶牛的行走,必须设置在奶牛不通过的地方,水力损失较小。

图 2-23　冲洗阀

(二)冲洗圈栏

使用畜牧场粪便处理后的粪水做圈栏清洁用水,必须使其达到清洁用水的标准。以下主要介绍规模化猪场将粪水处理为生产清洁用水的典型工艺流程设计方案。

1. 粪水处理工艺模式

采用"厌氧发酵＋好氧处理"的粪水处理工艺。该工艺由粪便预处理系统、厌氧发酵系统和好氧系统等组成。该工艺主要用于大型猪场。这类猪场猪舍一般采用漏缝地板，地板下为深粪坑，清粪方式有水冲清粪或水泡粪等方式。

采用水冲清粪，通过集水池进行收集，然后通过固液分离机进行一级固液分离，分离后的粪水进入气浮，进行二级固液分离；经气浮处理后的出水自流进入调节池，调节池出水进入由上流式厌氧污泥床厌氧罐和厌氧沉淀池组成的厌氧处理系统；厌氧沉淀池出水自流入高曝池和中沉池，中沉池出水进入一体化生物处理系统；一体化生物处理系统出水进入后混凝沉淀池，经处理后的出水再经消毒可用于冲洗圈栏。

同时，初沉池产生的初沉污泥，厌氧处理系统产生的剩余污泥，高曝池产生的剩余污泥，一体化生物处理系统产生的剩余污泥，以及后混凝沉淀池产生的物化污泥，经脱水处理后污泥外运处置。厌氧处理系统产生的沼气经收集、净化、贮气后用于锅炉燃烧。

2. 注意事项

采用水冲粪工艺粪便收集中，会引入大量粪水，不利于后续处理，而且该工艺在水资源不足地区的推广应用具有一定局限性。为提高系统的处理效率，必须实施雨污分流。

经过粪便处理系统的废液和粪水若要进行清洁回用，须经消毒处理。

出于防疫方面的考虑，可改进冲洗圈舍的工艺，比如冲洗次数，可以先用回用水冲洗前几次，将大部分粪便清理干净，最后用清水加消毒剂冲洗，保证冲洗后圈舍的安全。

【案例链接】

杭州天元农业清洁回用模式

　　杭州天元农业开发有限公司成立于 2007 年 8 月,地处杭州市萧山区围垦十七工段萧山对外农业综合开发区内。占地近 700 亩,建筑面积 350 000 m^2,其中,猪舍面积 290 000 m^2,蝇蛆养殖面积 20 000 m^2,2016 年存栏基础母猪 1 万头,年出栏商品猪近 20 万头。

　　该猪场废弃物的处理采用资源化利用为主的思路,粪便固液分离后,固体干粪用于养蝇蛆和生产有机肥,粪水处理后回用。主要技术如下:

　　1. 猪舍臭气处理

　　采用生物过滤除恶臭法。除臭系统主要由抽吸风机、通风管道、吸臭材料(如水)等组成。畜禽舍中的臭气经抽吸风机收集到通风管道中,再在高压排风扇的作用下,驱使臭气通过吸臭材料过滤,气体经吸臭材料的吸收后排出。该方法初期投资费用相对适中,除臭效果好,适宜用于封闭式猪舍的恶臭控制。

　　2. 粪水场内回用

　　粪水经适当处理后,用作场区圈舍冲洗水。具体流程为粪水经厌氧＋人工湿地处理后排放在氧化塘内,需要时直接从氧化塘内回用。

　　粪水使用时有一定的注意事项:一般圈舍冲洗 3 次,其中前两次用回用水,第 3 次则用清水,可以大量减少清水的使用量。

　　3. 猪粪生产有机肥

　　利用固体干粪生产有机肥,根据需要制成普通有机肥、生物有机肥、颗粒有机肥和高质量优质有机肥等,然后按市场需要销售。

　　4. 猪粪养蝇蛆

　　鲜粪搅拌后直接作为原料进行蝇蛆饲养,利用蝇蛆加工和生产高价值的产品(蝇蛆干、蝇蛆粉等),根据市场需求进行销售,价格可达 2 000～3 000 元/kg,从而获得更高的收益,最大程度地利用猪粪的价值。

目前,年产猪粪 5×10^4 t,生产有机肥约 2.5×10^4 t,鲜蝇蛆 1 500 t,结合粪水处理费,以及人工、猪粪材料费,目前粪便处理与收入基本持平。

第三章　畜禽粪便达标排放技术

第一节　达标排放技术概述

一、达标排放技术的概念

畜禽粪便达标排放技术主要是指通过各种净化方法,使粪水达到一定的净化要求后排放,从而防止粪水中的污染物引起环境污染。

二、达标排放的工艺流程

畜禽粪水中所含的污染物按其存在形态可分为溶解性和不溶性两大类。溶解性污染物又可分为分子态(离子态)和胶体态。不溶性污染物又可分为漂浮在水中的大颗粒物质、悬浮在水中的容易沉降的物质和悬浮在水中而不容易沉降的物质。不同形态污染物去除难易程度相差较大,所采用的方法与工艺也不相同。畜禽养殖场产生的粪水进行厌氧发酵＋好氧处理等组合工艺进行深度处理,粪水达到《畜禽养殖业污染物排放标准》或地方标准后直接排放,固体粪便进行堆肥发酵就近肥料化利用或委托他人进行集中处理(图 3-1)。

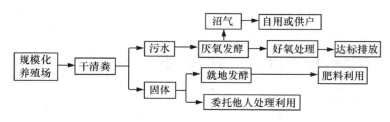

图 3-1　达标排放工艺流程

三、达标排放技术的适用范围

达标排放模式在粪水深度处理后,实现达标排放;不需要建设大型粪水贮存池,可减少粪污贮存设施的用地。但是粪水处理成本高,大多数养殖场难以承受。因此,适用于养殖场周围没有配套农田的规模化猪场或奶牛场。

第二节　收集方式

以猪场为例进行介绍。

一、干清粪工艺

干清粪工艺简单又行之有效。这种工艺能够尽量防止猪场固体粪便与尿和污水混合,最大程度地减少粪水产生量,以简化粪便处理工艺及减少设备。

（一）干清粪粪污量

据有关试验分析测算,一个年出栏 0.1 万头商品猪的规模猪场采取干清粪、水冲清粪和水泡清粪等不同的清粪方式每天排粪水量有很大差别,干清粪排粪水量最少,水冲清粪排粪水量最大,是干清粪的 3~4 倍。

（二）干清粪设施与排污系统

干清粪栏舍内干清粪设施与排污系统主要有漏缝地板、污水沟、清粪沟、清粪道、出粪口和舍外集粪池等。

干清粪漏缝地板的功能不同于传统的漏缝地板，后者是尽量使粪水都落入污水沟，前者则要求尿、水迅速流入污水沟，而干粪尽可能多地留在地板上，以实现在源头上就做到固液分离。为此，漏缝地板通常在栏舍沿墙或格栅栏设有饮水装置一侧，设 0.3 m 左右宽即可。同时，为了确保鲜粪有足够的堆积发酵存放时间，舍外集粪池至少应该设置 2 个以上储粪间，每个储粪间大小要根据养殖规模来定。

干清粪排污系统工艺的设施构件主要有污水沟、舍内沉淀池、排出管、舍间排污支管、排污干管等，同时，还要根据区间排污管长度设置一定数量的检查井，以防堵塞，最后排至粪水收集池，进入粪水净化处理系统。整个排污系统要实现暗管排放，防止明沟造成的雨污混流和对场区空气的污染，确保粪水减量化和粪水处理设施的正常运行。

（三）干清粪工艺的管理要求

训练猪尽量在排粪区定点排粪尿，同时做到饲养员清粪不出舍、清粪工不进舍、运粪车不进场。

二、水（尿）泡粪工艺

猪场的水（尿）泡粪工艺由原水冲粪工艺基础上改良而来，与传统的水冲粪工艺比较能够节约 50％ 以上的用水量，同时该工艺能够定时、有效地清除畜舍内的粪便、尿液。水（尿）泡粪工艺机械化程度高，能够节约大量的人工费用。

（一）工艺原理

在猪舍内的储粪沟中注入一定量的水，粪尿、冲洗和饲养管理用水一并排入漏缝地板下的粪沟中贮存。经过一段时间贮存后，排污系统每隔 14～45 d,拉起排污塞子,利用虹吸原理形成自然真空,使粪便顺粪沟流入粪便主干沟,迅速排放到地下贮粪池或用泵抽吸到地面贮粪池。水(尿)泡粪系统是在猪场新建时设计和施工的。该工艺的缺点主要是由于粪便长时间在猪舍中停留,形成厌氧发酵,产生大量的有害气体(如硫化氢、甲烷等),并且相关污染物浓度较高,给后处理增加了很大的困难。

（二）漏缝地板

漏缝地板是水(尿)泡粪系统中的重要构件。好的漏缝地板能够给猪创造舒适的躺卧面,方便清洁,对猪群的健康起到非常重要的作用。目前常用的漏缝地板有水泥漏缝地板和钢网漏缝地板。

（三）贮粪池

规范的贮粪池地面应保持水平、无坡度,这样排粪时才能有很好的虹吸作用。粪水流出所产生的旋涡能够不断地搅动粪池底部沉积的粪渣,从而达到快速、干净排放粪水的目的。

贮粪池底要钢筋混凝土现浇,池壁或者隔墙采用砌砖,外部抹防渗砂浆,增强池子的整体防渗透能力,隔断为现浇墙体。

（四）排污管

粪水管道将猪舍漏缝地板下的粪池分成几个区段,每个区段粪池下安装一个接头,粪池接头处配备一个排粪塞。不同直径、型号的排污管件有其最适合的排污面积限制,如果超出其排污面积,则需在猪舍粪沟下增设隔墙来重新划分排污区域。

设计管路要保持平直,不能拐直角弯。舍内每条排污管路的首末两端均需设置排气阀。如果排污管道中不安装排气阀,粪水排放过程中空气会被迫从其他粪池单元的排污塞子排出,从而使排污塞子被顶起,粪便从舍内粪池溢流出来。

贮粪池内的粪水贮存一段时间后,经排污管道流入收集调节池,等待进一步处理。

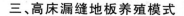

三、高床漏缝地板养殖模式

高床养殖栏舍设计是将"漏缝地板""斜坡集粪槽""饮用余水导流设计"三者之间有机结合的清洁生产模式。

高床栏舍下部采用斜坡设计,斜坡分为纵向和横向。粪便经横向斜坡,干粪被截留在斜坡上,通过栏舍纵向斜坡设计,尿液经斜坡流向集水沟,大大降低粪水中有机物的浓度,易于粪水的收集和处理。

（一）漏缝地板

猪场栏舍设计采用 $\frac{2}{3}$ 水泥漏缝地板,猪粪尿通过漏缝地板进入栏舍架空层集污区,实现猪场零冲栏工艺,大大降低了粪水产生量。对于采用全漏缝地板的猪舍,猪粪和尿液一起被踩入或直接漏入粪沟,粪沟中的固体粪便可以采用机械清粪方式。机械清粪的优点是减轻劳动强度,节约劳动力,提高工效;缺点是一次性投入资金较大,维修烦琐,需要运行维护费用。目前,猪舍常用链式刮板和往复式刮板清粪。

（二）斜坡集粪槽

猪场栏舍漏缝地板下部集粪池采用斜坡设计,高度约为1.4 m。尿液自动流入集水沟,干粪由于流动性差停留在斜坡上,从而实现固液分离。栏舍采用纵向斜坡设计,整栋栏舍的尿液经斜坡流入集水沟,易于粪水的收集和处理。

（三）饮用余水导流设计

饮水装置采用碗式饮水器,饮水器下部设计水泥槽将饮用余水通过专用管道引入清水池,避免饮用余水进入粪水处理系统,减少粪水产生量。或者采用嵌入式饮水装置,也就是将饮水器装在导水系统内。

碗式饮水器是近年来猪场采用较多的饮水设备。猪只饮水用嘴拱动压板,推开出水阀门,供水管内的水通过阀门及阀门座流入杯内供猪只饮用,饮完水靠阀门弹簧的张力使阀门自动复位,停止供水,有利于饮水卫生。

在碗式饮水器下部设有水泥槽装置,能收集饮用余水,流入雨水区,有效减少粪水的产生量,降低粪水排放和处理压力。

第三节 贮存方式

一、养殖粪便贮存方式

集约化养殖场粪便贮存参考《畜禽粪便贮存设施设计要求》(GB/T 27622—2011)中要求的贮存设施容积 $S(m^3)$ 计算:

$$S = \frac{N \cdot Q_w \cdot D}{\rho_M}$$

式中:

N——动物单位的数量。

Q_w——每动物单位的动物每日产生的粪便量(kg/d),其值参见表 3-1。

D——贮存时间(d),具体贮存天数根据粪便后续处理工艺确定。

ρ_M——粪便密度(kg/m³),其值参见表 3-1。

根据测算得出畜禽粪便贮存设施容积,下一步只需要根据场地大小、位置及土质条件等确定最终粪便贮存场地规格及尺寸。一般粪便贮存设施需要设置防雨顶棚,地面采用砖砼结构硬化防渗措施。

同时,养殖场产生的粪便通过干清粪工艺清出贮存,建议采用塑料内膜隔层编织袋打包或覆盖隔绝毡布方式贮存,避免臭气对外扩散导致二次污染。

表 3-1　每动物单位的动物每日产生的粪便量及粪便密度

项目	动物种类								
	猪	奶牛	肉牛	小肉牛	蛋鸡	肉鸡	鸭	绵羊	山羊
粪便量（kg/d）	84	86	58	62	64	85	110	40	41
粪便密度（kg/m³）	990	990	1 000	1 000	970	1 000	—	1 000	1 000

注：每 1 000 kg 畜禽活体重为 1 个动物单位；"—"表示未测。

二、养殖污水贮存方式

集约化养殖场污水贮存参考《畜禽养殖污水贮存设施设计要求》(GB/T 26624—2011)中要求的养殖污水贮存设施容积 V(m³)计算：

$$V = L_w + R_0 + P$$

式中：

L_w——养殖污水体积(m³)。

R_0——降雨体积(m³)。

P——预留体积(m³)。

1. 养殖污水体积(L_w)

$$L_w = N \cdot Q \cdot D$$

式中：

N——动物的数量，猪和牛的单位为百头，鸡的单位为千只。

Q——畜禽养殖业每天最高允许排水量，可参照表 3-2 和表 3-3 中的排水量进行设计。

D——污水贮存时间(d)，其值依据后续污水处理工艺的要求确定。

表 3-2　畜禽养殖业干清粪工艺每天最高允许排水量　　　　m³

项目	猪 (以百头计)		牛 (以百头计)		鸡 (以千只计)	
季节	冬季	夏季	冬季	夏季	冬季	夏季
标准值	1.2	1.8	17	20	0.5	0.7

表 3-3　畜禽养殖业水冲工艺每天最高允许排水量　　　　m³

项目	猪 (以百头计)		牛 (以百头计)		鸡 (以千只计)	
季节	冬季	夏季	冬季	夏季	冬季	夏季
标准值	2.5	3.5	20	30	0.8	1.2

2.降雨体积(R_0)

按 25 年来该设施每天能够收集的最大雨水量(m^3/d)与平均降雨持续时间(d)进行计算。

3.预留体积(P)

宜预留 0.9 m 高的空间。预留体积按照设施的实际长宽及预留高度进行计算。

根据测算得出养殖污水贮存池容积,下一步只需要根据场地大小、位置及土质条件等确定最终污水贮存池的类型及形式。一般情况下为便于养殖污水的收集提升,集水池选择采取地下贮存钢砼结构。

第四节　处理技术

达标排放模式是将粪便通过固液分离后,干粪和粪水分开处理的方式,使干粪得以更好利用,粪水实现达标排放。其中固液分离的方法与前面清洁回用中的方法类似,这里不再重复叙述,重点围绕粪水的达标排放处理技术进行介绍。

一、自然处理技术

（一）人工湿地技术

1. 人工湿地的构造

人工湿地系统是一种由人工建造和监督控制的、与沼泽地类似的地面,利用自然生态系统中的物理、化学和生物的三重协同作用来实现对污水的净化作用。这种湿地系统是在一定长宽比及底面坡度的洼地中,由土壤和按一定坡度填充一定级别的填料（如砾石等）的填料床组成,废水可以在填料床床体的填料缝隙中流动,或在床体的表面流动,并在床体的表面种植具有处理性能好、成活率高、抗水性强、生长周期长、美观及具有经济价值的水生植物（如芦苇等）,形成一个独特的植物生态环境,从而实现对废水的处理。当床体表面种植芦苇时,则常称其为芦苇湿地系统。

在湿地系统的设计工程中,应尽可能增加水流在填料床中的曲折性以增加系统的稳定性和处理能力。在实际设计过程中,常将湿地多级串联、并联运行,或附加一些必要的预处理、后处理设施而构成完整的污水处理系统。

2. 人工湿地的类型

按污水在湿地床中流动的方式不同,人工湿地可分为3种类型:地表流湿地、潜流湿地和垂直流湿地。

（1）地表流湿地　在地表流湿地系统中,污水在湿地表面流动,水位较浅,多在 0.1～0.6 m。这种系统与自然湿地最为接近,污水中的有机物去除主要依靠植物生长在水下部分的茎、秆上的生物膜完成,难以利用填料表面的生物膜和生长丰富的植物根系对污染物的降解作用,因此其处理能力较低。同时,这种湿地系统的卫生条件较差,易在夏季滋生蚊蝇、产生臭味而影响湿地周围环境;在冬季或北方地区则易发生表面结冰问题,系统的处理效果受温度影响程度大。因而在实际工程中应用较少。但这种湿地系统具有投资低的特点。

(2)潜流湿地 又称渗滤湿地。污水在湿地床的内部流动,一方面可以充分利用填料表面生长的生物膜、丰富的植物根系及表层土和填料的截流作用,易提高处理效果和能力;另一方面则由于水流在地表以下流动,故其有保温性较好、处理效果受气候影响小、卫生条件较好等特点。潜流湿地系统是目前应用较多的类型,但这种湿地系统较地表流湿地系统投资要高一些。

在潜流湿地系统的运行过程中,污水经配水系统(由卵石构成)在湿地一端均匀地进入填料床植物根区。根区填料层由3层组成:表层土壤、中层砾石和下层小豆石。在表层土壤种植耐水性植物,如芦苇、蒲草、大米草和席草等。这些植物生长有非常发达的根系,可以深入到表土以下 0.6~0.7 m 的砾石层中并交织成网,与砾石一起构成一个透水性良好的系统。这些植物根系具有较强的输水能力,可使根系周围的水环境保持较高浓度的溶解氧,供给生长在砾石等填料表面的好氧微生物生长、繁殖及对有机污染物的降解所需。经过净化的水由湿地末端的集水区中铺设的集水管收集后排出处理系统。一般情况下,这种人工湿地的出水水质优于传统的二级生物处理。

(3)垂直流湿地 系统中水流综合了地表流系统和潜流系统的特性,水流在填料中基本呈由上向下垂直流,水流流经床体后被铺设在出水端底部的集水管收集而排出处理系统。这种系统基建要求较高,较易滋生蚊蝇,目前已采用不多。

3. 人工湿地对氮和磷的去除

人工湿地的重要功能之一是较强力地去除粪水中的氮和磷。

(1)人工湿地对氮的去除 氮以有机或无机的形式进入粪水

处理湿地。

人工湿地中氮的转化主要涉及硝化和反硝化作用。硝化作用只改变氮的形式,反硝化作用才可以使氮以 N_2 和 N_2O 的形式从湿地系统中根本去除。

人工湿地去氮与植物的存在与否、植物类型、碳源等有关。不同的湿地植物对去氮的影响与根生物量(影响氮吸收及运输 O_2)以及碳源提供有关。无论是否提供碳源,根生物量越大,植物氮吸收或通过 O_2 运输到根茎区硝化的机会越大。

(2)人工湿地对磷的去除　人工湿地对磷的去除是植物吸收、微生物去除以及物理化学作用的结果。无机磷经植物吸收转化为植物的三磷酸腺苷(ATP)、脱氧核糖核酸(DNA)、核糖核酸(RNA)等有机成分,通过收割植物而得以去除。理化作用主要指填料对磷的吸附及填料与磷酸根离子的化学反应,作用效果因填料的不同而异。微生物除磷包括对磷的正常同化(将磷转变成其分子组成)和对磷的过量积累。在一般的二级处理系统中,当进水磷为 10 mg/L 时,微生物对磷的同化仅是进水磷的 4.5%～19%。所以,微生物除磷主要是通过同化后对磷的过量积累来完成的,这正与湿地植物光合作用光反应、暗反应交替进行,并最终造成湿地系统中厌氧、好氧的交替出现有关,这是常规二级处理所难以满足的。

4. 人工湿地的设计及运行

人工湿地污水处理技术还处于开发阶段,还没有比较成熟的设计参数,一般设计还是以经验为主。由于不同地区的气候条件、植被类型以及地理情况等的差异,一般针对某种污水,先经小试或中试取得有关数据后进行人工湿地设计。设计时要考虑不同水力负荷、有机负荷、结构形式、布水系统、进出水系统、工艺流程和布置方式等影响因素,还要考虑所栽种植物的特点等。

从不同类型湿地系统的特点看,潜流湿地的应用前景更好。

潜流湿地的设计深度,一般要根据所栽种植物的种类及其根系的生长深度来确定,以保证湿地床中必要的好氧条件。对于芦苇湿地系统,处理较高浓度有机污水时,设计深度在 0.3～0.4 m。为保证湿地深度的有效使用,在运行的初期应适当将水位降低以促进植物根系向填料床的深度方向生长。湿地床的坡度一般在 1%～8%,具体应根据所选填料来确定,如对于以砾石为填料的湿地床,其底坡度为 2%。

人工湿地系统占地面积较大,处理单位体积的污水,用地面积一般为传统二级生物处理法的 2～3 倍。因此,采用人工湿地系统处理污水时,应因地制宜确定场地,尽量选择有一定自然坡度的洼地或经济价值不高的荒地,以减少土方工程量、利于排水和降低投资与运行成本。

在人工湿地系统的设计过程中,应考虑尽可能地增加湿地系统的生物多样性。因为生态系统的物种越多,其结构组成越复杂,则其系统稳定性越高,因而对外界干扰的抵抗力越强。这样可提高湿地系统的处理能力和使用寿命。在湿地植物物种的选择上,可根据耐污性、生长能力、根系发达程度以及经济价值和美观要求等因素来确定,同时要考虑因地制宜,尽量选择当地物种。通常用于人工湿地的植物有芦苇、席草、大米草、水花生和稗草等,最常用的是芦苇。芦苇的栽种可采用播种和移栽插种的方法,一般移栽插种的方式更经济快捷。移栽插种的具体方法是将有芽苞的芦苇根剪成长 10 cm 左右,将其埋入深 4 cm 的土壤中并使其上端露出地面。移栽插种的最佳期是秋季,但早春也可以。

为防止湿地系统渗漏而造成地下水污染,一般要求在工程施工时尽量保持原土层,在原土层上采取防渗措施,如用黏土、沥青、油毡或膨润土等铺设防渗层。经济条件允许时,可选择适当厚度的聚乙烯树脂板或塑料膜作为防渗材料,但要防止填料对防渗材料的损坏。

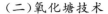

（二）氧化塘技术

氧化塘是一种天然的或经过一定人工修整的有机废水处理池塘，又称稳定塘。其优点是处理费用低廉、运行管理方便。按照占优势的微生物种属和相应的生化反应的不同，可分为好氧塘、兼性塘、曝气塘、厌氧塘等类型。

1. 好氧塘

好氧塘是一种主要靠塘内藻类的光合作用供氧的氧化塘。它的水深较浅，一般在 0.3～0.5 m，阳光能直接射透到塘底，藻类生长旺盛，加上塘面风力搅动进行大气复氧，全部塘水都呈好氧状态。塘中的好氧菌把有机物转化成无机物，从而使废水得到净化。晚上藻类不产氧，其溶解氧下降，甚至会接近于低氧或无氧。

传统的藻类塘效率低，已属淘汰之列。近 20 年来，国外大力发展了高负荷氧化塘，又称高速率氧化塘。在高负荷氧化塘中，小球藻属和栅列藻属等单细胞绿藻类繁殖旺盛，而且占优势。在猪场粪水处理中，高速率氧化塘得到了比较广泛的应用。

2. 兼性塘

兼性塘的水深一般在 1.5～2 m，塘内好氧和厌氧生化反应兼而有之。在上部水层中，白天藻类光合作用旺盛，塘内维持好氧状态，夜晚藻类停止光合作用，大气复氧低于塘内好氧，溶解氧接近于零。在塘底沉淀固体和藻、菌类残体形成了污泥层，由于缺氧而进行厌氧发酵，称为厌氧层。在好氧层和厌氧层之间，存在着一个兼性层。

3. 曝气塘

曝气塘一般水深为 3～4 m，最深可达 5 m。曝气塘一般采用机械曝气，保持塘的好氧状态，并基本上得到完全混合，废水停留时间常介于 3～8 d。曝气塘有机负荷和去除率都比较高，占地面积少，但运行费用高且出水悬浮物浓度较高，使用时可在后面连接兼性塘来改善最终出水水质。

4. 厌氧塘

当处理浓度较高的有机废水时,塘内一般不可能有氧存在。由于厌氧菌的分解作用,一部分有机物被氧化成沼气,沼气把污泥带到水面,形成一层浮渣层,有保温和阻止光合作用的效果,维持了良好的厌氧条件,不应把浮渣层打破。厌氧塘水深一般在2.5 m以上,最深可达4～5 m。

厌氧塘的特点是:无须供氧;能处理高浓度的有机废水;污泥生长量较少;净化速度慢,废水停留时间长(30～50 d);产生恶臭;处理不能达到要求,一般只能做预处理。

5. 养殖塘

好氧塘和兼性塘中有水生动物所必需的溶解氧和由多条食物链提供的多种饵料,具备养殖鱼类、螺、蚌和鸭、鹅等家禽的良好条件。这种养殖塘以阳光为能源,对污染物进行同化、降解,并在食物链中迁移转化,最终转化为动物蛋白。养殖塘的水深宜采用2～2.5 m。养殖塘型设置最好采用多塘串联,前一、二级培养藻类;第三、四级培养浮游生物,以藻类为食料,又作为养殖塘鱼类的饵料;最后一级作养殖塘,水深应大些。养殖塘必须防止含重金属和累积性毒物的废水进入,否则会通过食物链危及人体。

6. 水生植物塘

水生植物塘就是在塘中种养一些漂浮植物、浮水植物、挺水植物和沉水植物等,利用这些水生植物来处理废水。这是一种经济、节能和有效的废水处理技术。

水生植物塘中最通用的浮水植物是水葫芦,其次是水浮莲和水花生。在猪场粪水处理中,水葫芦塘经常作为粪水厌氧消化处理排出液的接纳塘或是厌氧消化排出液后续好氧处理出水的接纳塘,在我国的很多猪场将前一种类型用于二级好氧处理。

水生植物品种的选择取决于它们的适应和净化能力、是否易于收获处置及利用价值等。一般认为,凤眼莲(即水葫芦)、绿萍等漂浮植物和水浮莲等浮水植物有很强的耐污能力,适合于前级多污带稳定塘放养;芦苇、水葱、菖蒲等挺水植物具有中等耐污能力,适于在水浅的前级氧化塘栽植;而茨藻、金鱼藻等沉水植物则适合于在寡污带的后级氧化塘和接纳二级处理水的塘中放养。

二、生物处理技术

粪水生物处理需要采取人工强化措施,创造有利于微生物生长、繁殖的环境,使微生物大量增殖,以提高其分解、转化污染物的效率。生物处理技术具有效率高、成本低、投资少、操作简单等优点。生物处理的缺点是对要处理粪水的水质(如主要成分、pH等)有一定要求,对难降解的有机物去除效果差;受温度影响较大,冬季一般效果较差;占地面积也较大。根据处理过程对氧气需求情况,粪水生物处理技术可分为好氧生物处理、厌氧生物处理和厌氧-好氧组合处理三大类。

(一)好氧生物处理

好氧生物处理,简称好氧处理,是在有氧气存在的条件下,利用好氧微生物(包括兼性微生物)降解有机物,使其稳定、无害化的处理方法。微生物利用粪水中存在的有机污染物为底物进行好氧代谢,经过一系列的生化反应,逐级释放能量,最终以低能位的无机物稳定下来,达到无害化的要求,以便返回自然环境或进一步处理。好氧生物处理主要用来去除粪水中溶解和呈胶体的有机物。在好氧处理过程中,粪水中的微生物通过自身的生命活动——氧化、还原、合成和分解等过程,将吸收的一部分有机物氧化分解为简单的无机物,如 H_2O、CO_2、NH_3 等,并释放大量的能量,将另一部分有机物代谢合成新的细胞物质(原生质),从而不断生长、繁殖,产生更多的微生物(也就是粪水处理中形成的剩余污泥)。好氧生物处理法有活性污泥法和生物膜法两大类。活性污泥法是水体自净的人工化,是使生物群体在反应器(曝气池)内呈悬浮状,并与粪水接触而使之净化的方法,所以又称悬浮生长法。生物膜法又称固定生长法,是土壤自净(如灌溉田)的人工化,是使微生物群体附着于其他物体表面上呈膜状,并与粪水接触而使其净化的方法。

(二)厌氧生物处理

厌氧生物处理,也称厌氧消化或沼气发酵,是在无分子氧的条件下,通过兼性厌氧微生物、厌氧微生物的作用,将废水中各种复杂有机物分解转化成甲烷和二氧化碳等物质的过程,如图 3-2 所示。畜禽粪水有机物浓度高,并且碳、氮的比例适中,厌氧处理产气性能比较稳定。通常将畜禽粪便污染治理与可再生能源开发结合起来,因此,畜禽粪便厌氧处理工程常常采用沼气工程。

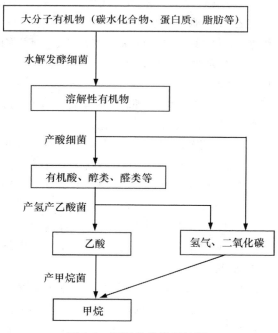

图 3-2　厌氧生物处理过程

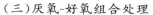

（三）厌氧-好氧组合处理

厌氧生物处理工艺能直接处理高浓度有机废水,有机负荷高,污泥产生量低,耗能低,运行成本低,但是该处理出水有机物浓度高,氮磷去除效果差,不能达到排放标准。好氧生物处理工艺对污染物稳定化程度高,出水有机物浓度低,氮磷去除效果较好,有可能达到排放标准,但是处理高浓度有机废水时,曝气池容积大,投资高,能耗高,运行费用高。从厌氧、好氧生物处理的特点看,两者正好互补,可以取长补短。因此,将厌氧、好氧生物处理工艺组合,可以发挥各自优势,克服各自缺点。简单地说,厌氧-好氧组合处理工艺是厌氧生物处理工艺在前,好氧生物处理工艺紧跟其后。首先,在厌氧段,通过密封措施维持反应器厌氧条件,利用厌氧微生物、兼性厌氧微生物分解有机污染物,去除绝大部分有机物并产生沼气;然后,在好氧处理段,通过向反应器(曝气池)充氧维持好氧条件(或间歇好氧条件),利用好氧微生物进一步分解有机污染物,进行硝化反硝化作用脱氮,以及释磷吸磷作用除磷。采用该组合可以充分利用厌氧、兼性厌氧、好氧微生物的代谢活动分解废水中的有机污染物,将有机物、氮和磷等作为微生物的营养被微生物利用,最终分解为稳定的无机物或合成细胞物质而作为污泥由水中分离,从而使废水得到净化。厌氧-好氧组合处理工艺是去除工业废水中有机物非常有效的方法,在高浓度有机废水,如淀粉废水、酿酒废水、制药废水处理工程中已经广泛应用。

三、物理化学处理技术

养殖粪水的物理化学处理主要采用絮凝、气浮、电解和膜浓缩分离等。

（一）絮凝技术

使粪水中悬浮微粒集聚变大,或形成絮团,从而加快粒子的聚沉,达到固液分离的目的,称作絮凝。实施絮凝通常靠添加适当的絮凝剂,其作用是吸附微粒,在微粒间"架桥",从而促进集聚。养殖粪水固体悬浮物和有机物浓度高,因此絮凝技术广泛应用于养殖粪水的预处理,以提高原水的可生化性,降低后续处理的负荷。

(二)气浮技术

气浮法也称浮选法,是向污水中通入空气或其他气体产生气泡,利用高度分散的微小气泡黏附污水中密度小于或接近于水的微小颗粒污染物,形成气浮体。因黏合体密度小于水而上浮到水面,从而使水中细小颗粒被分离去除,实现固液分离。

气浮法的优点:①依靠无数微小气泡黏附絮粒,对于絮粒的大小和重量要求不高,通常能减少絮凝时间,节省混凝剂用量;②气泡的密度远远小于水,浮力很大,带气絮粒与水的分离速度快,单位面积分离能力强,可减小池容及占地面积,降低造价;③气泡捕捉絮粒概率高,出水水质较好,有利于后续处理;④对剩余活性污泥有浓缩作用,便于分离;⑤可用于养殖粪水后端养藻脱氮处理技术的藻类分离。

气浮法的缺点是耗电较多,增加运营成本。

气浮的工艺与设备很多,根据微小气泡产生的方式不同可分为分散空气气浮法、电解气浮法和溶解空气气浮法。

(三)电解技术

电解是将电流通过电解质溶液或熔融态电解质(又称电解液),在阴极和阳极上引起氧化还原反应的过程。电化学电池在外加直流电压时可发生电解过程。电解技术是通过选用具有催化活性的电极材料,在电极反应过程中直接或间接产生大量氧化能力极强的羟基自由基($\cdot OH$),其氧化能力($2.80\ V$)仅次于氟($2.87\ V$),达到分解有机物的目的,在很大程度上提高了废水的可生化性能,并且具有杀菌消毒效果。电解技术对于养殖粪水中难以生物降解的有机物具有很强的氧化去除能力,因此被广泛应用于养殖粪水好氧处理后的深度处理及消毒。

电解技术最优试验参数条件为电解电压 5 V,电解时间 2 min,初始 pH 9,曝气时间 3 h。电解技术的工艺特点为:①电催化氧化过程中产生的羟基自由基($\cdot$OH)无选择地直接与废水中的有机污染物反应,将其降解为二氧化碳、水和简单有机物,没有二次污染,无污泥产生;②电催化氧化过程伴随着产生高效气浮的功能,能有效去除水中悬浮物;③既可以单独应用,也可以与其他处理技术相结合,对废水进行深度处理,进一步降解微生物无法彻底降解的污染物,确保出水达标;④设备操作简易;⑤设备结构紧凑,占地少,容易拆装搬迁,可重复利用;⑥不受气候等因素影响,常年稳定运行;⑦通过设备叠加可以达到由于环保指标提升而提高的水质排放要求。

（四）膜浓缩分离

膜分离是在 20 世纪初出现,20 世纪 60 年代后迅速崛起的一项分离技术。膜的孔径一般为微米级,依据其孔径的不同,可将膜分为微滤膜（MF）、超滤膜（UF）、纳滤膜（NF）和反渗透膜（RO）等。膜分离技术由于兼有分离、浓缩、纯化和精制的功能,因此被广泛用于养殖粪水的浓缩和生化处理法中污泥与出水的分离。此外,膜对微生物具有很好的截留效果。如微滤膜（孔径为 $10^{-7} \sim 10^{-6}$ m）可以截留全部细菌,而超滤膜（孔径为 $10^{-8} \sim 10^{-7}$ m）可以截留大部分病毒。因此,膜技术也是一种优良的物理消毒方法。在很多研究与实际工程应用中,膜工艺出水符合中水回用标准,可以用于粪便冲洗、绿化灌溉。

【案例链接】

种猪繁育场达标排放技术

天津大成前瞻生物科技农业生态园种猪繁育场,位于天津市宝坻区牛家牌镇大宝庄村东北 810 m,场区总占地面积 484.63

亩。主要建设内容包括:16栋猪舍,包含配种妊娠舍、分娩舍、保育舍、育肥舍和后备舍,合计建筑面积 20 000 m^2。合计常年存栏数 6 000 头。

该繁育场采用水泡粪技术进行猪舍粪便的清洁和收集。在水泡粪预处理阶段,采用固液分离设备将养殖粪水的固液体物质进行分离,分离后的固体物质用作有机堆肥材料,粪水部分则进入相应的粪水调节池进行水质的调节以进入后续的升流式厌氧污泥床(UASB)。经 UASB 厌氧发酵的沼液进入好氧曝气池进行好氧处理后,通过深圳绿倍生态科技有限公司筛选的 F109 生物菌剂进行初步的沼液营养元素的净化,之后进入微藻培养池进行微藻的培养和沼液营养物质的无害化处理,最终达到养殖粪水的安全排放。

1. 固液分离和水质调节

在预处理阶段,采用固液分离机将粪渣、残留饲料等悬浮物分离出来。固液分离出来的粪渣将处理为有机肥,粪水进入调节池进行初步的水质调节,调节池出水进入酸化水解池,酸化水解池内有生物填料,微生物可初步调整水体的营养成分以易于后续厌氧发酵的顺利进行。

2. 厌氧发酵

UASB 厌氧发酵体系因处理负荷较其他厌氧处理工艺高而得到推广。本工程中选用的 UASB 工艺是在原 UASB 的基础上改进的系统,经酸化调节后的粪水存放在缓冲池作为 UASB 的进水来进行厌氧发酵。通过严格控制进水水质,优化布水系统和三相分离系统,在反应器内部设置循环流,从而提高反应器去除污染物的效率及化学需氧量(COD)负荷,减小反应器体积。

3. 好氧及微生物处理

为保证好氧处理的效果,需要对厌氧消化出的污水进行沉淀,同时添加微生物菌剂来降低营养物质,确保粪水营养物的浓度达

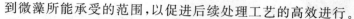

到微藻所能承受的范围，以促进后续处理工艺的高效进行。

4. 微藻培养及收获

微藻在利用沼液中养料生长的同时降低粪水中营养物质含量，有机废水经微藻净化后，水质能够达到 2014 年《畜禽养殖业污染物排放标准（二次征求意见稿）》要求，同时采用碟式离心机和管式分离机进行微藻脱水操作能够收获微藻细胞，作为饲料添加物、水产饵料及水质改善剂等具有高附加值产品开发。

该项目对 6 000 头猪的养殖场每年的削减排放量为：化学需氧量（COD_{Cr}），约 60 t/年；悬浮物（SS），约 6 t/年；$NH_3\text{-}N$，约 5 t/年。微藻生态系统投入比厌氧好氧工艺法（A/O）及其他传统工艺大幅降低，运行费用低于传统工艺 2～5 元/m^3。此外，每立方米污水可产出微藻浓缩液 2.5 kg 以上，6 000 头猪的养殖场每年可以收成 70 t 微藻浓缩液（价值 21 万元以上），可用于水产养殖的水质调整，生产动物饲料或制作其他功能性产品，获得多样性的价值，带来产业链利益。如果推广至年出栏百万头生猪养殖规模，可以创造 3 000 万元以上的效益。

第四章　畜禽粪便集中处理技术

第一节　集中处理技术概述

一、集中处理技术的概念

集中处理技术是指在养殖密集区,依托规模化养殖场粪便处理设备设施或委托专门从事粪便处置的处理中心,对周边养殖场(养殖小区、养殖户)的畜禽粪便和(或)粪水实行专业化收集和运输,并按资源化、无害化要求进行集中处理和综合利用的一种技术。

相对于分散处理,集中处理具有主业性和专业性特征。集中处理和分散处理在经济效益、经营形式、科技创新与应用等方面存在着差异。第一,从经济效益看,集中处理中心的设施设备满负荷、均衡运行和使用,设备利用率高,生产效率高,规模效益容易得到体现,虽然总体投入大于分散处理模式,但按单位成本计算,投入和运行费用则低于分散处理模式。在分散处理中,除大型养殖场外,中小规模养殖场的设备利用效率相对较低,且难以做到全年均衡使用。第二,从经营形式看,在专业技术力量投入、基础设施装备水平、管理精细化程度等方面都有明显差异,与之相关联形成的产品也存在较大差异。集中处理中心以畜禽粪便处理为主业,配备有足够的专业技术人员和管理人员,基础设施装备水平包括自动化程度明显优于养殖场,生产管理更为专业、更加规范和精细,以追求畜禽粪便处理与利用的效益为目标,关注处理与利用的效率。而养殖场特别是中小规模养殖场,难以进行专业和精细的管理,更多考虑以最低的成本达到合适的效果,追求"轻简化"。集中处理形成的产品相对来说更加标准化、精细化和多元化,更符合现代农业发展的需求。养殖场分散处理形成的主要是初级产品,难以控制质量、实现标准化。第三,从科技创新与应用看,集中处理中心和畜禽养殖场在科技创新与应用的动力及机制上有着明显的差异。集中处理中心注重科技创新和应用,在设备与技术改造、工艺流程优化、产品研发等方面与相关的科研教学单位开展合作,并有相应的机制和投入予以保障。

二、集中处理技术的组织模式

集中处理技术的组织模式是指在畜禽粪便集中处理过程中,为解决畜禽养殖污染这一共同目标,因政府、社会资本、养殖业、种植业四要素所扮演角色的不同而建立起的不同的结构模式,大致有企业主导模式、政府引导模式、公私合作模式(PPP 模式)等。

(一)企业主导模式

企业主导模式是以企业主导粪便处理中心投资建设,实行自主经营、自负盈亏,独立承担市场风险,养殖户、种植户成为体系中的利益关联方,政府辅以必要的协调和支持而形成的一种模式。

该模式适合于一条龙大型养殖企业、养殖专业合作社以及"公司＋农户"模式的大型龙头养殖企业等。依托大型养殖企业或专业粪便处理中心的畜禽粪便处理设备设施,对其下属或体系内养殖场(户)的粪便和(或)粪水进行收集、运输,并进行集中处理和资源化利用。

(二)政府引导模式

政府引导模式是指由政府引导建立畜禽粪便集中收集处理体系的组织模式。在体系中,政府发挥公共服务的职能作用,投资建设畜禽粪便集中处理中心,承担集中处理中心运行费用,补助养殖场（户）建设畜禽粪便贮存设施，协调畜禽粪便处理的终端产品（有机肥、沼液等）使用的耕地。同时，政府发挥组织协调作用，与企业、养殖场（户）和种植户之间建立起分工协作、优势互补的关系，形成政府主导、养殖场（户）和种植户共同参与的组织体系，实现种养循环发展与环境优化的双赢目标。

（三）公私合作模式

公私合作模式是指在公共服务领域，政府采取竞争性方式选择具有投资、运营管理能力的私人组织（社会资本），以授予特许经营权为基础，建立形成以"利益共享、风险共担、全程合作"为特征的伙伴式合作关系，将部分政府责任以特许经营权方式转移给社会主体，由社会资本提供公共产品或服务，政府依据公共服务绩效评价结果向社会资本支付对价。在公私合作模式中，通过引入市场竞争和激励约束机制，发挥双方各自优势，并以合同明确双方的权利和义务，最终使合作各方达到比预期单独行动更为有利的结果，一方面可提高公共产品或服务的质量和供给效率；另一方面可减轻政府的财政负担、减小社会主体的投资风险。

三、集中处理中心建设

畜禽粪便集中处理体系建设主要环节为畜禽粪便集中处理中心建设，其建设模式及思路有收集转运型、有机肥生产型、生物质能源型和综合利用型4种。畜禽粪便集中处理中心可根据所覆盖区域养殖畜种、养殖场（户）规模以及养殖环境，综合权衡进行选择。

（一）收集转运型模式

收集转运型模式以收集转运为主，公益性较强，需建设畜禽粪便中转站，通过集中收集周边分散养殖户畜禽粪便，做无害化处理后，干粪和液态粪水根据实际情况统一寻找使用途径。

该模式主要应用于基本上无粪便处理能力的分散畜禽养殖户

区域,在经济不发达、土地宽广、远离城市和城镇的地区,有足够的农田消纳,特别是种植常年施肥作物,如蔬菜、经济作物的基地,更适合采用这种模式。畜禽粪便处理中心起到粪便收集、暂存、有机肥化处理和运出还田的作用。该处理模式适用于猪、牛、禽和羊等各类畜禽品种,由于禽和羊的粪便含水量显著低于猪和牛,因此更适合于这种模式。

（二）有机肥生产型模式

有机肥生产型模式以生产商品有机肥为主,需建设有机肥生产线(或改造现有有机肥生产厂),通过集中收集周边分散养殖场畜禽粪便,干粪结合周边农业生产废弃物如秸秆等生产商品有机肥,液态粪水经无害化处理后统一运送至种植业基地。

该模式主要利用了畜禽粪便的固体和混合型粪便部分,所以,要求畜禽粪便种类和产量要稳定,且要求畜禽养殖场对畜禽粪水有一定的处理能力。养殖场(户)需建立配套的粪水贮存池,粪水贮存设施总容积不得低于当地农林作物生产用肥的最大间隔时间内本养殖场(户)所产生废弃物的总量。同时还要求周围配套相应规模的消纳农田,粪水经过一定时间贮存后经管道输送至周边农田。

该模式主要适用于有初步粪便处理能力的中小型畜禽规模场和连片规模养殖小区。有机肥生产能力要与集中处理中心所覆盖畜禽养殖场干粪产生量相配套。该模式适用于牛、猪、禽和羊等各类畜禽品种,由于家禽粪便含水量低,便于收集和运输,且营养价值高,更适合应用此模式。

（三）生物质能源型模式

生物质能源型模式以获得能源为主,需建设厌氧发酵装置,通过集中收集周边分散养殖场畜禽粪便,结合周边农业生产废弃物如秸秆等,进行厌氧发酵生产生物质燃气、生物质固态肥和生物质液态肥,并将生物质固态肥和生物质液态肥用于作物、养鱼等,促进农业种养一体化。生物质燃气的主要利用方式为:一是为周边居民提供燃气,二是通过发电为养殖场提供电力,余电上网。该模式集中处理中心应选择在交通便利、水电设施齐全、离周边养殖场和用气户适当距离的中心位置。该处理模式适用于牛、猪、禽和羊等各类畜禽品种。畜禽场户所有圈舍应建设有雨污分离、干湿分离、封闭式粪水排放沟、粪便收集管网和粪水暂存池等基础设施。

（四）综合利用型模式

综合利用型模式是对收集转运型、有机肥生产型和生物质能源型综合利用的一种集中处理模式。通过签订收集协议,专人定期收集周边小型养殖场的畜禽粪便,生产出商品有机肥、生物质燃气、生物质液态肥等,运送到种植业基地,促进农业种养一体化。

综合利用型模式由于投资、维护成本较高,处理畜禽粪便量较大,因此,该模式更适用于有一定规模的畜禽养殖场或采用"企业＋农户"模式的规模化企业。

第二节　收集方式

一、畜禽舍内收集

畜禽粪便集中处理技术主要是将各养殖场难以处理与利用的干粪与粪水统一收集后,进行集中处理。由于干粪与粪水混合收集会导致贮存池体积大、运输量大、费用高,因而采用粪便集中处理模式区域的养殖场应分别收集干粪与粪水,或采用固液分离的饲养工艺。

（一）节水饲养工艺

畜禽舍内粪水的主要来源为尿液、饮水器滴漏水、冲刷用水、降温用水等。畜禽舍产生的粪水量影响到粪水池体积和运输成本,粪水中混入的粪便等固体物则会影响到粪水的处理难度。因此,控制舍内粪水产生量具有重要的意义。畜禽舍粪水产生量控制技术如下：

1. 尿液量控制

畜禽尿液排出量与饮水量有关，正常情况下能够引起饮水量增加的因素有舍内温湿度、日粮盐分及合成氨基酸添加水平等。通过合理控制畜禽舍内温度和日粮中氯离子水平，可以实现尿液量的降低。

2. 饮水器滴漏控制

畜禽饮水时易引起水的滴漏，造成饮水浪费的同时增加粪水产生量。控制饮水器滴漏的环节包括安装水压调节设施和选择适宜的饮水器。水压调节设施可以降低进入饮水器的水压，避免动物使用饮水器时造成饮水的溅出。选择液面控制饮水器，一方面可以避免动物饮水时的滴漏，另一方面可以避免夏季戏水造成的浪费。

3. 冲刷用水控制

在采用干清粪等工艺时，部分养殖场使用水对残留在地面的粪便残渣进行清理，动物转群或空舍后畜舍清理也需用水进行冲洗。建议尽量采用漏缝地面、少量人工辅助清理粪便。在确需用水冲洗时，采用高压水枪进行冲洗，可以大大减少用水量，实现降低粪水产生量的目的。

4. 降温等用水控制

夏季采用滴水降温、喷雾降温或喷淋降温防暑措施时，应考虑采用电脑控制技术，根据舍内温度及畜禽的需求进行适时启动，避免水的浪费。

(二)干清粪工艺

1. 漏缝地板

(1)全漏缝地板＋干清粪工艺　漏缝地板可使粪尿直接漏到地板下的贮粪池内，贮粪池内的干粪和尿液通过重力作用，实现自主分离，干粪由刮粪板输送，粪水由污水管输送至舍外污水管道中

（图 4-1）。上述饲养方式适于猪舍和奶牛舍。

图 4-1　漏缝地板与刮粪工艺

（2）全漏缝地板＋尿泡粪工艺　漏缝地板下面建有一定深度（＞60 cm）的粪尿沟，设置专门活塞式 PVC（聚氯乙烯）管道与贮粪池相通，当粪尿沟内粪尿积累至一定高度后，打开活塞使粪尿进入贮粪池。

在漏缝地板下面，可以使用垫料对粪便进行吸附，并利用微生物对粪便进行发酵处理，此方式可以避免污水的产生。

2. 人工干清粪

网床或地面饲养畜禽排泄的粪便和尿液至地面后，利用重力作用，实现固液分离，干粪由人工进行清扫和收集后运送至贮粪场，尿液、残余粪便用少量水冲洗后由粪尿沟或管道排出。该清粪方式的缺点是劳动强度大，效率低，需要较多劳动力资源。该方式适用于小型畜禽舍。

3. 机械清粪

利用铲粪车、刮粪板清粪等方式将粪便清出畜舍。其中，铲粪车清粪多用于奶牛场舍内或运动场内的粪便清理(图 4-2);刮粪板清粪工艺则适用于各种畜禽舍。刮粪板清粪具有操作简便,运行、维护成本低等优势,适于有粪尿沟的猪舍、牛舍和鸡舍。

图 4-2　铲粪车清粪

4. 传送带清粪

传送带清粪工艺是利用传送带作为承粪带,每层鸡笼下面安装一条传送带,利用电机驱动,传送带定向、定时向一端传动,在传送带的一端设挡粪板,粪便落入鸡舍一侧横向传送带,然后输送至禽舍外。目前,该方法在阶梯式或层叠直列式蛋鸡和肉鸡养殖场广泛应用(图 4-3)。

5. 发酵床(厚垫料)饲养工艺

发酵床饲养方式是将木屑、稻壳、农作物秸秆等按一定比例混合,通过利用天然或接种微生物,进行高温发酵后用作饲养畜禽场所垫床或用于畜禽粪便处理(图 4-4)。其原理是利用垫料中微生物对畜禽粪便中的有机质进行分解和消化,发酵产生的热量将粪便中的水分蒸发,实现粪水的零排放。发酵床在生猪、肉鸡、肉鸭饲养中可以用作垫床,在网床饲养模式中可以铺设在地面用于处

图 4-3 鸡舍内传送带清粪

理粪便,或建设在畜禽舍外,作为畜禽舍配套设施用于处理粪便。可以利用该方式,结合漏缝地板,将发酵床设置在地板下面,粪便落下后通过机械或人工混合,堆积发酵,实现粪水的零排放。

图 4-4 发酵床养猪

6. 机器人清粪

机器人清粪工艺是与漏缝地板配合使用的一种机械辅助清粪方式，其工作方式是利用机械刮粪板自动清粪，具有自动化程度高的优点，清粪干净，对动物无伤害。可通过预设程序对清粪机器人的运行轨迹即清粪线路进行设计，实现畜舍内清粪通道的自动清粪（图 4-5）。该方式主要用于奶牛场。

图 4-5　机器人清粪

二、养殖场内收集

（一）雨污分离

养殖场内实行雨污分离是降低污水处理量的关键环节之一。雨污分离的重点是保证养殖场产生的污水与雨水分离。在无运动场的畜禽养殖场，污水通过暗沟或暗管输送即可解决。在设有运动场的养殖场（奶牛场等）还需要将运动场内的雨污水与其他区域内的降水分离，单独收集。具体做法是在运动场一角或运动场内地势低洼处建设污水池一处，容量根据当地降水量确定。污水池四周设污水收集口，池沿高于周边运动场地面。运动场污水池与养殖场污水输送管道通过暗管相通。

（二）粪水

畜禽养殖场内的粪水或粪尿混合物在向污水收集池或处理中心输送时，应采用具有防渗功能的暗管或暗沟。暗管或暗沟输送系统包括各畜禽舍的污水收集管、场内主沟渠和污水收集池。由各个畜禽舍收集的液体粪便汇集至主沟渠后，再输送至污水收集池。

（三）干粪

养殖场内干粪主要采用清粪车、传送带等进行输送。由人工或机械自畜禽舍内清出的固体粪便，由粪便运输车输送至贮粪池。

（四）暂存池

养殖场内建立的粪便、粪水暂存池应具有防雨、防渗、防漏等功能，有效容积应满足贮存运输周期（如 5～7 d）内排粪量。暂存池应设置在养殖场的隔离区，远离生产区和居民区，并且建有专用道路，能够满足吸粪、运粪车辆通行操作。

三、集中处理中心收集

集中处理模式包括两种方式，一是统一收集、集中处理，二是统一收集、分散处理。上述两种方式均需建立高效的收集体系。统一收集体系包括：专业化收集运输队伍、粪便密闭运输车辆（自吸式吸粪车、自卸式运粪车等）和科学合理的组织模式。

收集运输队伍建设可由粪便集中处理中心、社会组织承担，运输车辆的购置和运输费用由政府、养殖场和集中处理中心三方承担。专用运输车辆必须满足密闭运输的要求，运输过程中应避免粪便滴漏、抛撒，造成收集线路的污染，并带来疫病传播的风险。统一收集的组织模式是保障实施效果的关键。

在统一收集体系的建设中，需要综合考虑所在区域的粪便产量、粪便处理中心处理能力、粪便综合利用情况、区域地形特点、农作物种植特点和交通条件,合理设置收集点,划定收集线路,确定收集频率。

在统一收集、集中处理模式中,需将贮存于养殖场内的粪便运输至集中处理中心,进行集中处理。在中小型养殖场较为集中的区域,利用运输车辆直接将粪便运输至粪便集中处理中心。对于养殖场较为分散的区域可建立收集中转站,设置密封罐等贮存设施用于收集各养殖场(户)的粪便,集中处理中心定期回收粪便密封罐。处理后的产物如沼液沼渣可进一步处理利用,其中产生的沼液需要就近利用施肥一体机或建立配套管网进行输送。如果就近利用能力有限,还需要将沼液通过密闭运输车辆运出用于农田灌溉。

在统一收集、分散处理模式中,需要将贮存于养殖场内的粪便运输至田间贮存发酵池,进行分散处理,分散利用。该方法可有效避免处理后产物的二次运输问题。

(一)干粪收集

在与粪便处理中心直接对接的收集体系中,干粪收集和运输设施主要有自吸式密闭运粪车、封闭式运粪车等,直接将固态粪便运输至处理中心。

在设有收集点的区域,干粪收集和运输设施包括小型运粪车、粪便收集斗和摆臂式收集车等。小型运粪车用于将粪便由养殖场输送至收集点的粪便收集斗,摆臂式收集车定期将粪便收集斗运输至处理中心。收集点的设置、收集设施的数量根据所覆盖区域的养殖场(户)数量、分布和畜禽存栏规模确定。

(二)粪水收集

养殖场内粪水的运输设施一般为吸污车(图 4-6)、液罐车,将粪水密闭运输至处理中心,运输距离一般以距处理中心 10 km 以内为宜。

图 4-6　吸污车

四、收集及运输管理

在装卸粪便时要注意人身安全,防止人员掉入集粪池;收集半径在 30 km 范围内比较适宜;粪便的运输应统一用全密封特种车辆全程运输,防止沿途污染。

第三节　贮存方式

一、养殖场

畜禽养殖场产生的畜禽粪便应设置专门的贮存设施。

（一）粪便贮存设施

粪便贮存设施的选址,首先应根据有关要求和规定进行。粪便贮存设施(图 4-7)应远离湖泊、小溪、水井等水源地,以免对地下水源和地表水造成污染,并且与周围各种构筑物和建筑物之间的距离应满足相关的规定。其次,粪便在贮存的过程中会有臭味产生,尤其是无任何覆盖措施的贮粪设施,臭味污染严重,甚至在其周围 80 m 远的地方都可能受到臭味影响。因此,选址的过程中要充分考虑贮粪设施臭味污染可能带来的影响,尽量将其设在下风口,并且尽量远离风景区以及住宅区。同时注意不能将贮粪设施建在坡度较低、经常发生水灾的地方,以免在雨量较大或洪水暴发时,池内粪水溢出而污染环境。此外,还要结合当地的实际情况,充分考虑周围其他因素的影响。比如,为保证贮存设施的整体稳定性,应避免大树的根破坏池底。

图 4-7 粪便贮存设施

为防止粪便贮存池内粪水渗过池壁和池底而对周围的土壤和地下水造成污染,在施工前应对拟建场地进行必要的地质勘查。通过勘查场地的工程地质条件,分析该地土质、岩土类型等基础情况,以确定该场地是否适合建造贮存设施。为确定该场地能否满足有关的防渗要求,在施工前必须进行土壤渗水性检测。

粪便贮存设施要求池底和池壁有较高的抗腐蚀和防渗性能,尤其是地下的贮粪池,不管是土制还是混凝土制,池底都要采取防渗防漏措施。一般做法是将池子底部的原土挖出一定深度,然后用黏土或混凝土等一些具有较高防渗性能的建筑材料填充后压实。若还是不能满足防渗要求或附近有饮用水源的,可以再铺设一层防水膜。施工完成后,要根据相关的规定进行池底和池壁的渗水性测试,以保证水的渗透性满足要求。如不能满足,则需要重新处理。有些粪便贮存设施容积较大,在清理底层淤泥等物质的时候可能工作量比较大,而需要采用一些设备来完成,这就要在池底设置保护材料,防止由于振动等因素而对池底造成磨损和破坏。

(二)粪水贮存设施

1.选址要求

粪水贮存设施选址应满足下列要求:①根据畜禽养殖场区面积、规模以及远期规划选择建造地点,并做好以后扩建的计划。②满足畜禽养殖场总体布局及工艺要求,布局紧凑,方便施工和维护。③设在场区主导风向的下风向或侧风向。④与畜禽养殖场生产区相隔离,满足防疫要求。

2.粪水贮存设施的类型和形式

粪水贮存设施有地下式和地上式两种。土质条件好、地下水位低的场地宜建造地下式贮存设施;地下水位较高的场地宜建造地上式贮存设施。

根据场地大小、位置和土质条件,可选择方形、长方形、圆形等形式。

3.粪水贮存设施的地面和壁面

(1)一般规定　池体用料应就地取材,单池宜采用矩形池,长宽比不应小于 3:1~4:1。池体的堤岸应采取防护措施。

(2)堤坝设计　堤坝宜采用不易透水的材料建筑。土坝应用不易透水材料做心墙或斜墙。土坝的顶宽不宜小于 2 m,石堤和混凝土堤顶宽不应小于 0.8 m,当堤顶允许机动车行驶时其宽度不应小于 3.5 m。土堤迎水坡应铺砌防浪材料,宜采用石料或混凝土,在设计水位变动范围内的最小铺砌高度不应小于 1.0 m。土坝、堆石坝、干砌石坝的安全超高应根据浪高计算确定,不宜小于 0.5 m。坝体结构应按相应的永久性水工构筑物标准设计。坝的外坡设计应按土质及工程规模确定。土坝外坡坡度宜为 4:1～2:1,内坡坡度宜为 3:1～2:1,池堤的内侧应在适当位置(如进出水口处)设置阶梯平台。

(3)池底设计 池底应平整并略具坡度倾向出口。当池底原土渗透系数大于 0.2 m/d 时,应采取防渗措施。底面高于地下水位 0.6 m 以上,高度或深度不超过 6 m。

4. 其他相关要求

地下粪水贮存设施周围应设置导流渠,防止径流、雨水进入贮存设施内。进水管道直径最小为 300 mm。进、出水口设计应避免在设施内产生短流、沟流、返混和死区。地上粪水贮存设施应设有自动溢流管道。粪水贮存设施(图 4-8)周围应设置明显的标志和围栏等防护设施,设施在使用过程中不应产生二次污染,其恶臭及污染物排放应符合相关规定。制订检查日程,至少每两周检查一次,防止意外泄漏和溢流发生。制订应急计划,包括事故性溢流应对措施,做好降水前后的排流工作。

图 4-8 粪水贮存设施

（三）堆粪场

固态和半固态粪便可直接运至堆粪场，液态和半液态粪便一般要先贮存在粪池中沉淀，进行固液分离后，固态部分送至堆粪场。堆粪场多建在地上，为倒梯形，地面用水泥、砖等修建而成，且具有防渗功能，墙面用水泥或其他防水材料修建，顶部为彩钢或其他材料的遮雨棚，防止雨水进入。地面向墙稍稍倾斜，墙角设有排水沟，半固态粪便的液体和雨水通过排水沟排入设在场外的粪水池。堆粪场适用于干清粪或固液分离处理后的干粪的贮存。一般建造在畜禽养殖场的下风向，远离畜禽舍；堆粪场的大小根据畜禽养殖场规模和粪便的贮存时间而定，设计和建造足够容量的堆粪场，便于集中收集粪便到处理中心。

二、集中处理中心

集中处理中心最常见的为沼气工程中心和有机肥加工中心。

（一）沼气工程中心

沼气工程中心主要集中收集畜禽养殖场的粪尿混合物、粪水及干粪等，通过在沼气工程中心处理后，生产沼气或发电，沼液和沼渣还田。沼气工程中心需要配备较多的粪便处理池，粪便主要贮存在各种处理池中。同时，可以在用户的田间建造贮存池，将沼气工程中心产生的沼渣或沼液运到田间的贮存池贮存，使沼气工程中心与用户田间贮存相结合，既节约了沼气工程中心的用地，又方便了用户在田间的使用。

畜禽养殖场的粪便主要以干粪、半干粪便和粪水的形式存在，要将畜禽养殖场的粪便收集到沼气工程中心，首先在畜禽养殖场要有粪便暂存池，然后通过干粪收集、贮存和运输系统包括小型运粪车、粪便收集斗、摆臂式收集车等将粪便运输到沼气工程中心。中心根据沼气工艺可设立粪便原料池贮存从养殖场收集的粪便。原料池可分为干粪或半干粪便原料池和粪水池。液罐车将养殖场粪水暂存池中的液体密闭输送至中心的粪水池。

沼气池在生产沼气的同时,也会均衡地产生大量的厌氧发酵残留物——沼液沼渣。沼液沼渣中含有农作物生长所需的 N、P、K 等矿物元素,同时还含有各种生物活性物质及微量元素,如果能够合理利用,可以带来一定的经济价值,利于实现农村生态化和可持续发展;如果不能被及时、充分地利用,反而会给周边环境带来二次污染。因此,沼液沼渣的贮存和利用问题引起了人们的普遍关注。

沼液沼渣应在沼气工程中心建有贮存设施进行暂存,必须要有足够容积的贮存池来贮存暂时没有施用的沼液沼渣,不能向水体排放。

沼液沼渣贮存设施(图 4-9)的设置,应符合国家现行有关标准的要求。沼液沼渣的贮存设施与其他建(构)筑物的防火间距应符合 GB 50016—2014《建筑设计防火规范》的规定。沼液沼渣的贮存设施,一是要设置气体收集装置,避免二次发酵产生沼气引发安全隐患和环境污染;二是要设置防渗检测装置,避免沼液沼渣泄漏引发安全隐患和环境污染;三是配备的避雷、抗震等设施应符合

图 4-9　沼液贮存池

国家相关标准要求;四是要配备必要的安全防护器具、劳保用品和消防器材。

（二）有机肥加工中心

有机肥加工中心主要集中收集畜禽养殖场的干粪或半干粪便,经处理后加工成有机肥。有机肥加工中心对鸡场的鸡粪处理比较适合,对猪场和奶牛场只能处理干粪或半干粪便,不能处理粪水。有机肥加工中心更多地采用堆粪棚（图4-10）的形式贮存粪便。根据每天收集粪便的数量和堆肥加工的流程及时间设计堆粪场的大小。为便于操作,一般不采用地下贮粪池。

图4-10 堆粪棚

第四节 处理与利用技术

在集中处理与利用之前,要进行固液分离。固液分离可分为两大类:一是沉降分离,二是过滤分离。沉降分离是依靠外力的作用,利用分散物质（固相）与分散介质（液相）的密度差异,使之发生相对运动,从而实现固液分离的过程。过滤分离是以某种多孔性物质作为介质,在外力的作用下,悬浮液中的流体通过介质孔道,而固体颗粒被截留下来,从而实现固液分离的过程。前面已对固液分离设备进行了叙述,这里不再重复,重点对粪便集中处理与利用进行介绍。

一、处理技术

（一）畜禽粪便堆肥

堆肥一般分为好氧堆肥和厌氧堆肥,目前应用最为普遍的基本上都是好氧堆肥。好氧堆肥也称高温堆肥,是指在有氧的条件下,好氧微生物将畜禽废弃物中的有机物降解并转化为稳定腐殖质的过程。堆肥温度一般达 $55\sim60℃$,最高温度可达 $70℃$ 以上,能够有效杀灭病原微生物、杂草种子等,从而达到畜禽废弃物无害化、稳定化。

1. 堆肥的工艺流程

堆肥的基本过程包括:前处理(也称预处理)、一次发酵(也称高温发酵)、二次发酵(也称后熟或腐熟)以及后处理(粉碎、筛分、包装等)(图 4-11)。

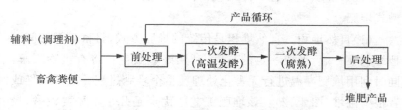

图 4-11　堆肥的一般工艺流程

（1）前处理　畜禽粪便堆肥前一般需要预处理,使堆肥原料 C/N、含水率、容重等满足一定的要求,保证堆肥的顺利进行。

（2）一次发酵　即通过翻堆或强制通风,向堆体内供氧,在微生物的作用下分解与降解的过程。一次发酵阶段中微生物活动强烈,有机物主要在此阶段被降解,需氧量大,堆体温度较高,臭气产生量大。一次发酵时间至少保持 10 d,一般牛粪为 4～5 周,猪粪为 3～4 周,鸡粪为 2～3 周。

(3)二次发酵 二次发酵主要是物料中难降解的有机物继续降解为腐殖质的过程。此阶段需氧量较少,堆体温度相对较低,臭气产生较少。

二次发酵工艺相对简单,发酵条件也不如一次发酵严格,一般要求防雨,定期(2 周左右)翻堆一次即可。二次发酵时间的长短一般由堆料的特性决定,当堆体温度下降至 40℃ 以下,二次发酵基本结束。一般单纯的畜禽粪便腐熟时间为 1 个月,添加秸秆类辅料的堆肥二次发酵通常需要 2～3 个月,添加锯末类辅料的堆肥二次发酵则需要 6 个月。

(4)后处理 经腐熟的物料一般可以直接供农田利用,也可以根据市场需求等选择后处理工艺,比如粉碎、筛分、包装等。后处理是否需要一般根据期望的产品类型决定。

2. 堆肥的工艺与模式

目前,堆肥主要有 3 种工艺:自然堆积、强制通风静态堆肥和槽式堆肥。

(1)自然堆积 自然堆积是传统的堆肥方式,将畜禽粪便简单地堆积在一起,形成一定的高度,利用好氧微生物将有机物降解,同时利用堆肥高温进行无害化处理。整个堆肥过程一般不翻堆或者很少翻堆(图 4-12)。该堆肥工艺的优点是几乎不需要设备,投资成本相对较低。但由于一次发酵周期长,而且和二次发酵在同一场地进行,因此占地面积大。

(2)强制通风静态堆肥 该堆肥工艺的特点是底部有通风系统,堆肥过程中进行通风供氧,从而有效提高堆肥发酵效率,缩短发酵所需时间。如果外加翻堆可以提高堆肥的均匀性以及堆肥的品质。强制通风静态堆肥工艺流程如图 4-13 所示。

图 4-12　自然堆积

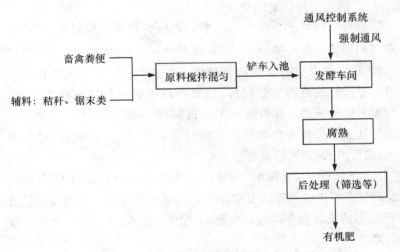

图 4-13　强制通风静态堆肥工艺流程

　　(3)槽式堆肥　目前,国内应用较为广泛的槽式堆肥实际上是介于条垛堆肥与搅拌式槽式堆肥之间的一种堆肥类型。相应设施主要由发酵槽、翻堆机和底部通气系统组成。其特点是原料经水分调节后形成堆肥混合物料,连续或定时放入发酵槽。堆肥发酵过程中,空气从槽的底部供应。堆料从一端输入,翻堆过程中物料沿槽向前移动一段距离,发酵结束后用出料机或者铲车将物料清出。

(二)粪水处理

集中处理是解决中、小规模养殖场(户)废弃物环境污染问题的最佳方式。由于集中处理在我国还刚刚开始,在养殖污水集中处理中心选址时,应统筹考虑液体废弃物的农田利用。养殖污水通过沼气工程厌氧消化生产沼气,沼液能就近进行利用。在环境要求高的地区,也可考虑污水通过好氧、人工湿地等技术处理后达标排放。

1. 沼气工程厌氧消化

沼气工程技术是以养殖场畜禽粪便为开发利用对象,以获取能源和治理环境污染为目的,实现农业生态良性循环的农村能源工程技术,其关键技术是厌氧消化工艺技术。厌氧消化是在无氧情况下进行的生物化学反应,厌氧菌破坏有机物进而产生沼气。针对不同现场的实际情况和工程目标,可采用不同的厌氧消化工艺。其主要工艺参数包括发酵物料含固率、反应器级数、进料方式、搅拌方式、发酵温度等。

(1)发酵物料含固率 根据厌氧发酵物料含固率的不同,厌氧发酵过程可以分为湿式发酵和干式发酵两种类型。干物质含量低于20%的厌氧发酵为湿式发酵,干物质含量在20%~40%的为干式发酵。

(2)反应器级数 厌氧消化是在厌氧微生物作用下的复杂生物学过程。厌氧微生物是一个统称,包括不产甲烷微生物和产甲烷微生物。这些微生物通过其生命活动完成有机物的厌氧代谢过程。厌氧消化过程可分为水解、酸化和产甲烷 3 个阶段，每个阶段都由一定种类的微生物完成有机物的代谢过程。单相反应器是 3 个阶段反应都集中在一个反应器内进行；两相反应器是 3 个阶段反应在两个不同的反应器内进行，通过调节两个反应器中不同反应相的 pH（酸相 pH 范围为 5.5～6.5，甲烷相 pH 范围为 6.8～7.2），让反应器中相应的微生物达到最佳活性，从而提高产气率，缩短停留时间，优化操作环境。

　　单相反应器设计简单，历史比较长，成本较低，技术难度小，在以能源作物为主要发酵原料的厌氧消化工艺中多有应用。两相反应器由于设计优化，发酵物料在反应器中停留时间短，产气潜力高，但投资成本高，操作困难。在实际工程中，单相发酵系统因操作方式简单、投资少和故障率低，应用较为普遍。

　　（3）进料方式　厌氧消化工艺的进料方式可分为批式进料和连续进料，相应的消化方式分为批式消化和连续消化两类。在批式消化反应器中，消化物料一次性加入反应器，在密封无氧环境下经过一段时间的厌氧发酵直到降解完全。在连续消化反应器中，消化物料通过机械进料装置，有规律地连续加入反应器。反应器类型有推流式反应器（PFR）、完全混合厌氧反应器（CSTR）、升流式厌氧污泥床（UASB）等。

　　（4）搅拌方式　为了达到反应器内部消化物料的均质，以及满足物料和微生物的充分混合，反应器内部通常采用不同的搅拌方式，通过搅拌使微生物与消化物料充分接触。湿式厌氧发酵主要搅拌方式有机械、气体和水力搅拌 3 种。机械搅拌通过搅拌轴的旋转带动桨叶搅拌物料混合。根据搅拌轴倾斜角度的大小，机械搅拌可分为垂直、水平和倾斜 3 种。气体搅拌通过向反应器中有规律地输入生物气实现物料混合。水力搅拌通过泵把发酵液输入反应器，既实现沼液回流又达到了搅拌效果。

(5)发酵温度　厌氧消化按照发酵温度可分为中温发酵(38～42℃)和高温发酵(50～55℃)两类。在实际工程中,中温厌氧反应器占绝大多数。中温厌氧反应器发酵温度较低,反应过程比较稳定,降解相同水平的有机物,一般停留时间较长(15～30 d),反应器容积较大。高温厌氧反应器较中温厌氧反应器产气率高,停留时间短(12～14 d),反应器容积小,但维修成本高。这两类反应器在发酵物料完全降解的情况下,最终甲烷产量差别不大,但综合考虑热量消耗和运行成本,中温厌氧反应器应用前景更加广阔。

2.好氧处理

好氧处理是在有氧气存在的条件下,利用好氧微生物(包括兼性微生物)以粪水中存在的有机污染物为底物进行好氧代谢,经过一系列的生化反应,逐级释放能量,最终以低能位的无机物稳定下来,达到无害化的要求,以便返回自然环境或进一步处理。

好氧处理一般可分为活性污泥法和生物膜法两大类。

(1)活性污泥法　活性污泥法是指粪水生物处理中微生物悬浮在水中的各种方法的统称。它能从污水中去除溶解性的和胶体状态的可生化有机物以及能被活性污泥吸附的悬浮固体和其他一些物质,同时也能去除一部分磷素和氮素。

活性污泥法处理设施由曝气池、沉淀池、污泥回流系统和剩余污泥排放系统所组成。其中,曝气池是反应主体,沉淀池能够进行泥水分离,保证出水水质并保证污泥回流,维持曝气池内的污泥浓度;污泥回流系统用来维持曝气池的污泥浓度和改变回流比,改变曝气池的运行工况;剩余污泥排放系统不仅能去除有机物,还能维持系统的稳定运行。活性污泥法主要影响因素包括:水力负荷、有机负荷、微生物浓度、曝气时间、污泥泥龄、氧传递速率、回流污泥浓度、污泥回流比、曝气池构造、pH、溶解氧浓度、污泥膨胀。

(2)生物膜法　生物膜法是利用附着生长于某些固体物表面

的微生物(即生物膜)进行有机污水处理的方法。生物膜是由高度密集的好氧菌、厌氧菌、兼性菌、真菌、原生动物以及藻类等组成的生态系统,其附着的固体介质称为滤料或载体。生物膜自滤料向外可分为厌氧层、好氧层、附着水层、流动水层。生物膜法的原理是,生物膜首先吸附附着水层有机物,由好氧层的好氧菌将其分解,再进入厌氧层进行厌氧分解,流动水层则将老化的生物膜冲掉以生长新的生物膜,如此往复以达到净化污水的目的。

生物膜法主要设施有生物滤池、生物转盘、生物接触氧化池和生物流化床等。

①生物滤池:生物滤池也称滴滤池,主要由一个用碎石铺成的滤床及沉淀池组成。滤床高度在 1～6 m,一般为 2 m。石块直径在 3～10 cm。从剖面上来看,下层为承托层,石块可稍大,以免上层脱落的生物膜累积而造成堵塞。石块大小的选择还要根据滤池单位体积的有机负荷来决定,若负荷高,则要选择较大的石块,否则由于营养物浓度高,微生物生长快而将空隙堵塞。

②生物转盘:生物转盘又称浸没式滤池,由许多平行排列的浸没在一个水槽(氧化槽)中的塑料圆盘(盘片)组成。盘片的盘面近一半浸没在粪水水面之下,盘片上长着生物膜。它的工作原理与生物滤池基本相同。盘片在与之垂直的水平轴带动下缓慢地转动,浸入粪水中那部分盘片上的生物膜便吸附粪水中的有机物,当转出水面时,生物膜又从大气中吸收所需的氧气,使吸附于膜上的有机物被微生物所分解。随着盘片的不断转动,最终使槽内粪水得以净化。在处理过程中盘片上的生物膜不断地生长、增厚;过剩的生物膜靠盘片在粪水中旋转时产生的剪切力剥落下来,防止相邻盘片之间空隙的堵塞。脱落下来的絮状生物膜悬浮在氧化槽中,并随出水流出,同活性污泥系统和生物滤池一样,脱落的膜靠设在后面的二沉池除去,并进一步处置,但不需回流。

③生物接触氧化池：生物接触氧化法是一种介于活性污泥法与生物滤池法之间的生物膜法工艺，其特点是在池内设置填料，池底曝气对污水进行充氧，并使池体内污水处于流动状态，以保证污水与污水中的填料充分接触。该方法中微生物所需氧由鼓风曝气供给，生物膜生长至一定厚度后，填料壁的微生物会因缺氧而进行厌氧代谢，产生的气体及曝气形成的冲刷作用会造成生物膜的脱落，并促进新生物膜的生长，脱落的生物膜将随出水流出池外。

④生物流化床：生物流化床是指为提高生物膜法的处理效率，以砂（或无烟煤、活性炭等）做填料并作为生物膜载体，粪水自下向上流过砂床使载体层呈流动状态，从而在单位时间内加大生物膜同粪水的接触面积和充分供氧，并利用填料沸腾状态强化粪水生物处理过程的构筑物。

二、利用技术

粪便通过集中处理后主要产生沼气、沼渣和沼液。沼气用途非常广泛，可用于发电、生产天然气、锅炉燃料、照明、火焰消毒和日常生活用气，沼渣和沼液主要用于生产有机肥。

（一）生物质发电

1. 沼气发电的优点

（1）畜禽粪便等农业有机废弃物通过厌氧发酵，产生大量的优质沼气，经沼气发电机组生产电力后可自用，也可上国家电网销售，获得可观的经济效益。

（2）沼气发电机组产生的多余热能可用于厌氧罐体的增温和保温，维持厌氧罐中温发酵温度，获得最佳的发酵效果。

（3）畜禽粪便等农业有机废弃物通过厌氧发酵工艺后产生的沼液、沼渣可作为有机肥使用。

（4）减少温室气体的排放量，并使废弃物得以再生利用，实现

清洁生产和畜禽废弃物的零排放,可取得显著的环境效益。

(5)中温厌氧发酵处理可杀灭畜禽粪便中的致病菌和寄生虫卵,防止疫病的传播,改善畜禽养殖的卫生环境,促进畜牧业健康发展。

2. 场地的选择

选择建设沼气发电工程的地址,除须符合行业布局、国土开发整体规划外,还应考虑地域资源、区域地质、交通运输和环境保护等要素。选址原则主要包括:

(1)符合国家政策和生态能源产业发展规划。

(2)满足项目对发酵原料的供应需求。

(3)交通方便,运输条件优越。

(4)充分利用地形地貌,地质条件符合要求。

(5)位于居住区下风向,离居住区1 000 m以上。

(6)满足养殖场的防疫要求,并远离水源。

(7)基础条件适合沼气发电工程的特定生产需要和排放要求。

3. 场地平面布局

场地平面总体布局应符合该沼气发电工程工艺的要求,功能分区明确,布置紧凑,便于施工、运行和管理;结合地形、气象和地质条件等因素,经过技术经济分析确定。

(1)预处理工艺　畜禽粪便被送入匀浆水解池,在匀浆水解池内充分混合、增温,然后泵入厌氧罐内。在此实现匀浆、水解、增温,以保障后续处理构筑物正常运行。

(2)厌氧消化工艺

①进料方式:匀浆后的畜禽粪便由提升泵向厌氧消化单元分批间歇进料。

②厌氧反应器选择:完全混合厌氧反应器(CSTR)适用于畜禽粪便发酵工艺。它在沼气发酵罐内采用搅拌和加温技术,是沼

气发酵工艺中的一项重要技术突破。通过搅拌和加热,使沼气发酵速率大大提高。完全混合厌氧反应器也被称为高速沼气发酵罐。由于这种工艺适宜处理含悬浮物高的畜禽粪便和有机废弃物,具有其他高效沼气发酵工艺无可比拟的优点,现被欧洲等沼气工程发达地区广泛采用。其他优点包括处理量大,产沼气量多,便于管理,易启动,运行费用低。一般适宜于以产沼气为主,有使用液态有机肥(水肥)习惯的地区。

③搅拌器的配置:每座厌氧反应器内设置搅拌器,使进料均匀分布并充分与厌氧微生物接触,使厌氧罐内料液温度均匀,有利于提高产气率。而且,还可以破除浮渣,防止结壳。

反应器上部设出料系统,溢流进入下一个处理单元。

④保温与增温:厌氧消化反应过程受温度影响较大。温度主要通过影响厌氧微生物细胞内某些酶的活性而影响微生物的生长速率和微生物对基质的代谢速率。根据生长的温度范围,厌氧微生物可分为嗜冷、嗜温、嗜热微生物。相应地,厌氧消化按温度可分为常温、中温、高温发酵。如厌氧处理单元设计为中温,其最佳温度范围为 35～38℃。为了保证厌氧反应在冬季仍可正常运行,必须对系统实施增温和整体保温措施。

增温的热源来自沼气锅炉。锅炉产生的热量对罐体增温,热交换后的水再回到锅炉系统。

(二)生物天然气生产

天然气在工业、农业和日常生活中用途广泛。近年来,畜禽粪便以治污为目的通过厌氧发酵生产沼气非常普遍,但产生的沼气没有得到充分利用,有一部分直接排于大气中。沼气中的主要组分甲烷和二氧化碳是强温室效应气体,直接排放会对大气环境造成极大的破坏。利用沼气制作天然气技术目前已非常成熟,粪便集中处理产生的大量沼气给制作天然气带来了方便,可以以低成本获得较好

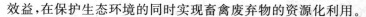

效益,在保护生态环境的同时实现畜禽废弃物的资源化利用。

1. 沼气的净化处理

沼气制作天然气首先必须净化,可用化学吸收法、洗涤法以及变压吸附法等,通过专用设备有效去除沼气中的水、二氧化碳、硫化氢等混杂气体,如氧的含量过高,还要进行脱氧,确保沼气得到充分净化,达到国家天然气的质量水平。

(1)过滤 通过过滤器分离出沼气中的绝大部分物理杂质后,进入下一道工序。

(2)脱硫 沼气中的硫除硫化氢外,还有其他含硫物质,如硫醇、硫醚等,主要采用干法、湿法和膜分离法等脱除,根据沼气中硫化氢含量的高低选择专用设备将总硫脱至国家规定的范围以内,常用的办法是用脱硫塔。

(3)脱碳 脱除沼气中的二氧化碳方法较多,有化学法、物理法、膜法以及变压吸附法等,可根据不同的工艺选择不同的方法。

(4)脱水 脱除沼气中水分的常见方法有冷凝法、吸收法和吸附法3种。冷凝法,是通过热交换系统中的冷却器使沼气中的水汽冷却而除去冷凝水;吸收法,是利用乙二醇等吸水性较好的液相物质吸收沼气中的水分;吸附法,是通过硅胶、氧化铝等干燥剂来吸收沼气中的水分。

(5)脱氧 沼气中如氧气含量过高,在压缩过程中极易引起爆炸,因此必须用专用设备对收集的沼气进行脱氧,使氧气含量在国家规定范围以内。

2. 生物天然气的使用

(1)直接进入天然气管网 如集中处理场地离天然气管网较近,充分净化后的沼气可直接进入天然气管网,供用户使用。

(2)压缩罐装 经充分净化后的沼气,甲烷组分含量超过97%,其主要成分和燃烧特性与管输天然气完全一致。将这种净化沼气再进行深度脱水和脱氧处理后进行压缩,则可制成罐装天然气产品。

沼气制作天然气进行使用时,必须遵循下述国家标准:《天然气》(GB 17820—2012)、《车用压缩天然气》(GB 18047—2017)、《城镇燃气设计规范》(GB 50028—2006)、《城镇燃气分类和基本特性》(GB/T 13611—2006)、《城镇燃气技术规范》(GB 50494—2009)。

(三)沼渣利用

沼渣是畜禽粪便发酵后通过固液分离机分离出的固体物质,含有丰富的有机质、腐殖酸、氨基酸、氮、磷、钾和微量元素。以干物质计算,沼渣中有机质含量一般在95%以上,其他成分根据其发酵原料的不同而有所差别。粪便通过厌氧发酵集中处理后产生的沼渣量比较大,一般都生产成有机肥,通过有机肥的使用,达到资源化利用的目的。

1. 沼渣的作用

沼渣主要用于生产有机肥,用作农作物基肥和追肥。通过有机肥的施用,不但达到了化肥减量的目的,而且还改良了土壤。沼渣也可用于配制花卉、苗木、中药材和蔬菜育苗的营养土。

2. 沼渣制作有机肥的工艺流程

沼渣制作有机肥的设备设施有固液分离机、烘干机、翻堆机、皮带输送机、搅拌机、有机肥造粒机、自动包装机、化验设备仪器及有关附属设施。

沼渣制作有机肥工艺比较简单,如是一般有机肥只要对固液分离出的沼渣进行烘干或在阳光棚内晾干(水分在30%以内)即可装袋。

如是配制不同作物的专用肥,就要根据不同作物的营养需要添加相应的元素和载体。沼渣制作有机肥工艺流程见图4-14。

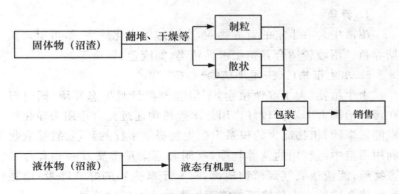

图 4-14 沼渣沼液制作有机肥工艺流程

（四）沼液利用

1. 作为有机肥料使用

沼液不能直接排放，否则会导致二次污染，必须经过后处理技术加以资源化利用（图 4-14）。沼液可作为有机肥，根据当地土壤状况和种植施肥情况应用于果树、花卉、蔬菜、绿化草坪、牧草、苗圃等。

在使用沼液肥期间，实行测土施肥，对土壤养分含量、沼液肥分含量以及作物所需养分进行动态监测，合理施用沼液肥，充分利用生物质资源，形成生态养殖与种植的良性循环。

2. 林业种植灌溉

在林地间建立沼液灌溉系统，将沼液引入速生丰产林、竹林、在林下种植的金线莲、铁皮石斛等中药材基地，可促进林业丰产、提高竹笋产量及中药材产量，增加林产收入。

3. 食用菌施肥

经过消毒净化的沼液可用于食用菌日常喷洒，为食用菌提供养分及湿度，提高食用菌产量。

4. 养鱼

沼液中含有丰富的营养物质,在经过无害化处理后,可引入鱼塘养鱼。沼液较适合养殖肥水性鱼类,如鳙鱼、鲢鱼等。

5. 水生植物(人工湿地植物)种植

水生植物(人工湿地植物)不但能改善景观生态环境,同时可在污水治理方面发挥较好作用。水生植物通过光合作用为净化提供能量来源;植物庞大的根系为微生物提供多样的环境,直接吸收利用沼液中可利用的营养物质,吸附和富集重金属及一些有毒有害物质;能输送氧气到植物根部,有利于微生物的好氧呼吸;增强和维持介质的水力传输等功能而发挥净化水质的效果。

【案例链接】

礼嘉畜禽粪便综合治理工程

礼嘉畜禽粪便综合治理工程(以下简称处理中心)位于江苏省常州市武进区礼嘉镇万顷良田规划园区,是在区财政的支持下建成的,占地面积 30 余亩。规划园区内耕地面积 5 000 余亩,周围 15 km 范围内分布大大小小的养殖场共计 70 余家,育肥猪总存栏规模约 1.5 万头。首先,由政府统一出资为各家养殖场进行雨污分流改造,并根据养殖规模配套建设粪便收集暂存池;然后,每天由运营公司用密闭式吸污车将各家暂存池中粪便转运至处理中心集中处理,平均每天收集量约 100 t,通过 1 500 m³ 大型沼气工程厌氧发酵,产生的沼气用于发电和烧制热水,沼液用于周边农田。其主要技术如下。

1. 原料收集

原料包括畜禽粪便和秸秆。畜禽粪便来自处理中心周边辐射半径 15 km 范围内的养殖场,政府出资统一对养殖场进行雨污分流改造,铺设密闭的粪便管道,建造贮存 3~5 d 粪便的贮存池。

收集的污染物为粪便、猪尿及冲圈水,实际收集量 3 万 t/年。配置
了四辆吸污车(3 t 容量 2 辆,5 t 容量 1 辆,8 t 容量 1 辆),由运营
公司将每天的清运计划安排到户。"万顷良田"内实施稻麦轮作,
年产秸秆 4 000 余 t,能有效补充厌氧发酵所需原料。根据工艺设
计,每天消耗粉碎后的秸秆约 1 t。

2. 厌氧发酵处理

1 500 m³ 的厌氧发酵罐和 600 m³ 贮气柜,以及沼气净化利
用配套设施等构成了畜禽粪便综合治理工程中最为重要的厌氧发
酵系统。采用完全混合厌氧反应器(CSTR)发酵工艺。当畜禽粪
便供应减少时,可以就地用秸秆作为主要原料,保证处理中心的稳
定运营。每减少 1 000 头存栏生猪,每天可以增加秸秆消化 0.5 t。
粪便被吸污车运送至处理中心后,首先通过集粪进料口进入酸化
调节池,一般情况下按照 100 t 粪便与 1 t 秸秆的比例混合,经过充
分搅拌进入厌氧发酵罐。

3. "三沼"利用

"三沼"即沼气、沼渣、沼液。产生的沼气贮存在贮气柜内,并
配置一台 82 kW 发电机组和 1 t 的热水锅炉,每天产生沼气约
500 m³,主要供应处理中心内的设备用电和烧制热水。由于粪便
的浓度相对较低,沼渣不进行固液分离,而是沼渣沼液直接还田利
用。沼液平日贮存在 9 000 m³ 的沼液塘中,在水稻小麦播种前作
为基肥施用,不进行稀释,利用万顷良田的排灌设施施用,每亩
6～8 t,施用范围 2 000 亩;在 8 月初和 3 月初分别对水稻和小麦
进行追肥,以 1:1～1:2 的比例稀释追肥,亩用量 4～5 t。另有 100
亩苗木基地用沼液施肥,不受季节限制。

武进区政府转变监管角色为向农民伸出服务之手,由政府建
设集中处理中心,将分散式养殖场的畜禽粪便收集起来,统一进行
无害化处理,以"购买服务"的方式,招标公司进行规范化运营管
理。项目实施后有效减轻了畜禽粪便和秸秆资源就地焚烧对环境

所造成的污染,沼渣沼液还田改善了土壤理化性质,减少了化肥农药施用量,有利于发展无公害农产品和绿色食品,促进农业生态的良性循环和可持续发展,达到经济、环境、能源、生态的和谐统一。

　　该处理模式主要适用于收集一定区域范围内众多小规模养殖场畜禽粪便的集中处理。需要政府财政的大力支持,用于建设畜禽粪便集中处理中心、扶持养殖场(户)建设粪便存贮池和干粪堆积棚、配套种植基地粪便贮存利用设施等。为便于沼气工程产生的沼渣、沼液就地就近利用,实现种养结合,要求周围配套相应的农地或林地、园地,或通过与周边种植业主合作的方式保障沼渣沼液的消纳土地。

第五章 发酵床降解资源化利用技术

第一节 发酵床降解技术概述

一、发酵床原理

发酵床是利用微生物作为物质能量循环、转换的"中枢"性作用,采用高科技手段采集特定有益微生物,通过筛选、培养、检验、提纯、复壮与扩繁等工艺流程,形成具备强大活力的功能微生物菌种,再按一定的比例将其与锯末或木屑、辅助材料、活性剂、食盐等混合发酵制成有机复合垫料,自动满足舍内牲畜对保温、通气以及对微量元素生理性需求的一种环保生态型养殖模式。发酵床式养殖,牲畜从出生开始就生活在这种有机垫料上,其排泄物被微生物迅速降解、消化或转化;而粪便所提供的营养使有益功能菌不断繁殖,形成高蛋白的菌丝,再被牲畜食入后,不但利于消化和提高免疫力,还能使饲料转化率提高,投入产出比与料肉比降低,出栏相同体重的牲畜可节省饲料 10%~30%,省去六至八成以上人工劳动。

二、发酵床的优势

1. 减轻对环境的污染

采用发酵床养殖技术,由于有机垫料里含有相当活性的土壤微生物,能够迅速有效地降解、消化畜禽的排泄物,不再需要对畜禽粪尿进行清扫排放,也不会形成大量的冲圈污水,从而没有任何废弃物排出养殖场,真正达到养殖零排放的目的。舍内不会臭气冲天和苍蝇滋生。

2. 改善圈舍环境,提高肉品质

发酵床结合特殊圈舍,使圈舍通风透气、阳光普照、温湿度均适合于畜禽的生长,再加上运动量的增加,畜禽能够健康地生长发育,减少疾病发生,也不再使用抗菌性药物,提高了畜禽肉品质,生产出真正意义上的绿色有机肉。

3. 变废为宝,提高饲料利用率

在发酵制作有机垫料时,需按一定比例将锯木屑、稻壳等加入,通过土壤微生物的发酵,这些配料部分转化为畜禽的饲料。同时,由于畜禽健康地生长发育,饲料的转化率提高,一般可以节省饲料 10%～30%。

4. 省工节本,提高效益

由于发酵床养殖技术不需要用水冲圈舍、不需要每天清除畜禽粪便,减少疾病发生,采用自动给食、自动饮水技术等众多优势,达到了省工节本的目的。在规模养殖场应用这项技术,经济效益十分明显。

三、发酵床降解技术适用范围

发酵床降解技术包括原位发酵床养殖技术和异位发酵床养殖技术。原位发酵床养殖技术适合年出栏 5 000 头以下的猪场使用。小规模牛场也可以使用。利用原位发酵床养殖,畜禽很少得病,但正常免疫和消毒不可缺少。异位发酵床养殖技术适合中小规模养猪场或牛场使用。对于小规模养猪场,建议采用人工或微耕机翻耙,减少投入。

第二节 发酵床菌种选择

一、自制菌种

（一）土著微生物采集与原种制作

1.土著微生物的采集

（1）山谷土著微生物采集方法 把做得稍微有一点硬的大米饭（1～1.5 kg），装入用杉木板做的小箱（25 cm×20 cm×10 cm）约 1/3 处，上面盖上宣纸，用线绳系好口，将其埋在当地山上落叶聚集较多的山谷中。为防止野生动物破坏，木箱最好罩上铁丝网。夏季经 4～5 d，春秋经 6～7 d，周边的土著微生物潜入到米饭中，形成白色菌落。把变成稀软状态的米饭取回，米饭与红糖以 1:1 的比例拌匀后装入坛子里（数量是坛子的 2/3），盖上宣纸，用线绳系好口，放置在温度 18℃左右的地方。放置 7 d 左右，就会变成液体状态，饭粒多少会有些残留，但不碍事。这就是土著微生物原液。

（2）水田土著微生物采集方法 秋天，在刚收割后的稻茬上有白色液体溢出。把装好米饭并盖宣纸的木箱倒扣在稻茬上，这样稻茬穿透宣纸接触米饭，很容易采集到稻草菌。约 7 d 后，木箱的米饭变成粉红色稀泥状态，将米饭取回，与红糖以 2:1 的比例拌匀装坛子、盖宣纸、系绳。5～7 d 后内容物变成原液。在稻茬上采取的土著微生物，对低温冷害有抵抗力，用于猪舍、鸡舍，效果很好。

2.原种制作方法

把采集的土著微生物原液稀释 500 倍与麦麸或米糠混拌，再加入 500 倍的植物营养液、生鱼氨基酸、乳酸菌等，调整水分至 65%～70%。装在能通气的口袋或水果筐中或堆积在地面上，厚度以 30 cm 左右为宜，在室温 18℃时发酵 2～3 d 后，就可以看到米糠上形成的白色菌丝,此时堆积物内温度可达到 50℃ 左右,应每天翻 1～2 次。如此经过 5～7 d,形成疏松白色的土著微生物原种。

也可在柞树叶、松树叶丛中,采集白色菌落,直接制作原种,具体方法是:将采集来的富叶土菌丝 0.5 kg 与米饭 1 kg 拌匀,调整水分至 90%,放置 24 h(温度 20℃),此时,富叶土菌丝扩散到米饭上,再将其与麦麸或米糠 30～50 kg 拌匀(水分要求 65%～70%)。为了提高原种质量,最好用通气的水果筐,这样不翻堆也可做出较好的原种。

3. 菌种的保存

制作好的菌种经过 7～8 d 的培养后,即可装袋放在阴凉的房间里备用,一般要求 3～6 个月使用完,最好现制现用。

(二)自制培养微生物菌种的原种制作方法

以充分腐熟、聚集了土著微生物的畜禽粪便为原料,通过添加新鲜的碳源,如糖蜜、淀粉等,其他营养如酵母提取物、蛋白胨、植物提取物、奶粉等,按原料:水为 1:10～1:15 的比例,在室温下(20～37℃)培养 3～10 d,进行扩繁制作原种,然后通过普通纱布过滤,将过滤液作为接种剂,接种量为 0.5～1.0 kg/m^2,用喷雾或泼洒的方式接种于发酵床的垫料上,并与表层(0～15 cm)垫料充分混合,以达到促进粪便快速降解的目的。

1. 腐熟堆肥原料的采集

就近找一堆肥厂,或自己堆制。堆肥所用原料为畜禽粪便,经至少 7 d 高温期,35 d 以上腐熟期,将充分腐熟的堆肥晒干,敲碎,备用。

2. 微生物培养

将所采集的腐熟堆肥,放入塑料、木质或陶瓷等防漏的容器中,按原料的重量,加入新鲜碳源(15%)与其他营养物质(0.05%～1.0%),再加入 1:10 的水分,搅拌混合,在室温下培养

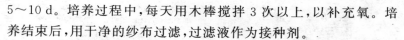

5～10 d。培养过程中，每天用木棒搅拌 3 次以上，以补充氧。培养结束后，用干净的纱布过滤，过滤液作为接种剂。

3. 接种

用喷雾器或水壶将接种剂均匀地喷洒于发酵床的垫料表面，接种量为 0.5～1.0 kg/m²，然后用铁耙或木耙将 0～15 cm 的表层垫料混匀，以后每间隔 20 d 接种一次。如果发现畜舍中有异味或发现降解效果下降或在防疫用药后，均要增加接种次数与接种量。

二、购买商品菌种

根据发酵床养殖技术的一般原理和土著微生物的活性特点，不适宜、不愿意自行采集制作土著微生物的养殖场（户），应选择效果确实的正规单位生产的菌种。选购商品菌种时应注意以下几点。

1. 看菌种的使用效果

养殖户在选择商品菌种时，要多方了解，实地察看，选择在当地有试点、效果好、信誉好的单位提供的菌种。

2. 选择正规单位生产的菌种

应选择经过工商注册的正规单位生产的菌种。生产单位要有菌种生产许可证和产品批准文号及产品质量标准。一般正规单位提供的菌种，质量稳定，功能强，性价比高。

3. 发酵菌种色味应纯正

商品菌种是经过一定程度纯化处理的多种微生物的复合体，颜色应纯正，没有异味。

4. 产品包装要规范

商品菌种（图 5-1）应有使用说明书和相应的技术操作手册，包装规范，有单位名称、地址和联系电话。

图 5-1　干撒式发酵床菌种

第三节　发酵床垫料选择

垫料的选择应该以垫料功能为指导,结合粪尿的养分特点,尽可能选择那些透气性好、吸附能力强、结构稳定、具有一定保水性和部分碳源供应的有机材料作为原料,如木屑、秸秆段(粉)、稻壳、花生壳和草炭等。为了确保粪尿能及时分解,常选择其他一些原料作为辅助原料。

一、原料的基本类型

垫料原料(图 5-2)按照不同分类方式,可以分成不同的类型。如按照使用量,可以划分为主料和辅料。

（一）主料

这类原料通常占到物料比例的 80% 以上,由一种或几种原料构成。常用的主料有木屑、稻壳、秸秆粉、蘑菇渣、花生壳等。

（二）辅料

主要是用来调节物料水分、碳氮比、C/P、pH、通透性的一些

图5-2 发酵床原料

原料。由一种或几种组成,通常不会超过总物料量的20%。常用的辅料有:腐熟猪粪、麦麸、米糠、饼粕、生石灰、过磷酸钙、磷矿粉、红糖或糖蜜等。

二、原料选择的基本原则

垫料制作应该根据当地的资源状况来确定主料,然后根据主料的性质选取辅料。原料选用的原则如下:

(1)原料来源广泛、供应稳定。

(2)主料必须为高碳原料,且稳定,即不易被生物降解。

(3)主料水分不宜过高,应便于贮存。

(4)不得选用已经霉变的原料。

(5)成本或价格低廉。

三、垫料配比

实际生产中,最常用的垫料原料组合是"锯末+稻壳""锯末+玉米秸秆""锯末+花生壳""锯末+麦秸"等,其中垫料主料主要包括碳氮比极高的木本植物碎片、木屑、锯末、树叶等,禾本科植物秸秆等。下面以某成品菌种制作发酵床垫料为例说明垫料原料的配比情况，如表 5-1 所示。

表 5-1　采用成品菌种的发酵床垫料原料组成

原料	透气性原料	吸水性原料	营养辅料	菌种
	谷壳	锯末	米糠	某成品菌种
冬季	40%～50%	40%～50%	3.0 kg/m³	200～300 g/m³
夏季	50%～60%	40%～50%	2.0 kg/m³	200～300 g/m³

第四节　原位发酵床养殖技术

一、概述

原位发酵床模式(图 5-3)是用锯末、稻壳、秸秆等配以专门的微生物制剂制作成垫料，畜禽在垫料上生活，粪尿排泄在垫料里，

图 5-3　原位发酵床

垫料里的有益微生物能够迅速降解粪尿,不需要清粪和处理污水,从而没有任何废弃物排出场外,做到了无污染、零排放,较好地解决了养殖场环境污染问题,同时改善了猪的生活环境和福利。目前,普遍采用大栏饲养、机械翻料的方式,解决了传统人工翻料劳动强度较大的问题。

二、技术要点

以原位发酵床养猪为例。

1. 发酵床建设

(1)发酵床 按发酵床与地面相对高度不同,发酵床分为地上式、地下坑式、半地上式。

①地上式:发酵床底面与猪舍地面同高,样式与传统猪栏舍接近,猪栏三面砌墙,一面为采食台和走道,猪栏安装金属栏杆及栏门。地上式发酵床适合于地下水位高,雨水易渗透的地区,发酵床深度为 0.6～0.8 m。金属栏高度:公猪栏为 1.1～1.2 m,母猪栏为 1.0～1.1 m,保育猪栏为 0.6～0.65 m,中大猪栏为 0.90～1.0 m。

优点:猪栏高出地面,雨水不容易溅到垫料上;地面水不会流到垫料中,床底面不积水;猪栏通风效果好;垫料进出方便。

缺点:猪舍整体高度较高,造价相对高些;猪转群不便;由于饲喂料台高出地面,饲喂不便;发酵床四周的垫料发酵受环境影响较大。

②地下坑式:在猪舍地面向下挖一定的深度形成发酵床,即发酵床在地面以下。不同类型猪栏地面下挖深度不一样,发酵床深度一般为 0.6～0.8 m。地下坑式发酵床适合于地下水位低,雨水不易渗透的地区,有利于保温,发酵效果好。猪栏安装金属栏杆及栏门,金属栏高度与地上式相同。

优点:猪舍整体高度较低,地上建筑成本低,造价相对低;床面与猪舍地面同高,猪转群、人员进出猪栏方便;采食台与地面平齐,投喂饲料方便。

缺点:雨水容易溅到垫料上;垫料进出不方便;整体通风稍差;地下水位高时床底面易积水。

③半地上式:发酵床部分在地面以上部分在地面以下,发酵床向地面下挖 0.3～0.4 m 深,即介于地上式与地下坑式之间,具有地上式和地下坑式两者的优点。

(2)过道 单列式猪舍一侧或者双列式猪舍的中间设计成通长的过道,宽 90～120 cm。

(3)水泥平台 过道栏杆与发酵床之间设水泥平台,宽 150～180 cm,平台向走道侧有坡度。

(4)给排水 饮水采用乳头式自动饮水器。每栏设 2～3 个,距床面 30～40 cm,下设集水槽,将猪饮水时漏下的水向外引出,流入走道侧的水沟内,防止流进发酵床。

(5)食槽 食槽位于水泥平台上,为自动采食槽。

2. 菌种处理

可以自制土种菌,也可以选择质量好的商品菌种,并按购买菌种使用说明进行处理。

3. 垫料选择

发酵床的垫料选择参见本章第三节叙述。

4. 发酵床制作

(1)前期准备 干撒式发酵床菌剂 1 袋可铺 15～20 m² 发酵床,每袋菌剂按照 1:10 的比例加入麸皮、玉米粉或者是米糠,不加水混合均匀。注意加入载体不仅起到扩充发酵床菌种的作用,还可以作为菌剂的营养物,使操作更简便。

(2)垫料准备 面积 20 m² 的猪床需要锯末 10 m³。锯末需无毒无害,去杂并晒干后使用。玉米秸秆、花生壳、稻壳也可以作为发酵床垫料。

（3）铺撒菌种　每铺设 10 cm 厚的锯末,铺撒一份菌种,也可以混合均匀后再铺,切记无须加水(图 5-4)。

图 5-4　铺撒菌种

（4）铺足垫料　猪床要求锯末厚度 50 cm（鸡、鸭、鹅、羊 40 cm）。因发酵床正式启用后锯末会下沉,所以需把垫料铺足。如锯末不易得到,可部分用稻壳、花生壳、秸秆代替,表层 20～30 cm 须用锯末。

（5）启用　发酵床铺撒完成,猪喂饱后可以立即进入发酵床,7～14 d 发酵床就可以正常启动。

5. 发酵床维护

（1）垫料翻耙　每天人工匀粪 1 次,7～15 d 用挖掘机或旋耕机深翻 1 次。

（2）垫料补充　发酵床在消化分解粪尿的同时,垫料也会逐步损耗,床面会自行下沉,当床面下沉 5～10 cm 时,应考虑补充垫料。

（3）水分控制　日常管理要注意发酵床的水分含量。垫料合适的水分含量通常为 38％～45％,因季节或空气湿度的不同而略有差异。常规补水方式可以采用加湿喷雾补水,也可补菌时结合补水。

(4)保温透气 冬天早晚温度低时,放下卷膜杆增加舍温,加快发酵。中午温度高时,摇升卷摸杆以透气,提供充分发酵所需氧气。夏季应注意舍内降温,减少夏季高温造成的不良影响。

6. 垫料利用

使用后的发酵床垫料直接出售供农业利用或生产有机肥。

第五节 异位发酵床养殖技术

一、概述

异位发酵床模式将畜禽养殖与粪污发酵处理分开(图 5-5)。在畜禽舍外另建垫料发酵棚舍,畜禽不接触垫料。畜禽粪污收集后,利用潜污泵均匀喷在垫料上进行生物发酵。这是近年来各地大力推广的一项新型环保养殖方式,具有减少臭味产生和改善环

图 5-5 异位发酵床

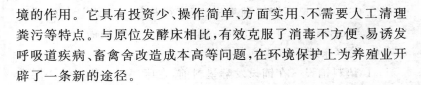

境的作用。它具有投资少、操作简单、方面实用、不需要人工清理粪污等特点。与原位发酵床相比,有效克服了消毒不方便、易诱发呼吸道疾病、畜禽舍改造成本高等问题,在环境保护上为养殖业开辟了一条新的途径。

二、技术要点

以异位发酵床养猪为例。

1. 粪污收集

猪舍粪尿通过漏缝地板进入粪尿沟,经水冲,通过封闭渠道进入粪污收集池。粪尿沟和粪污收集池之间存在一定坡度,便于收集,均采用砖混结构,以防渗漏。收集池上加盖顶篷,防雨水、防溢出。收集池容积大小按 1 头猪 $0.1 \ m^3$ 比例建设。池内置潜污泵 1 台,将粪污通过 PVC 管道泵入发酵床。

2. 菌种使用

可以自制土种菌,也可以选择质量好的商品菌种,并按购买菌种使用说明进行处理。

3. 垫料选择

发酵床的垫料选择参见本章第三节叙述。

4. 垫料预发酵

(1)垫料混匀　在发酵床中将垫料物料充分混合均匀,混匀过程中慢慢喷洒菌液和猪粪尿,不能有团块,湿度以抓起一团垫料握紧后松开手掌,垫料依然可成团但无水滴滴下来为宜。

(2)预发酵　将所有垫料堆积不低于 1 m。正常情况 $2 \sim 3 \ d$ 开始启动升温,发酵 6 d 后,垫料中央温度上升到 50℃以上,即可摊开,用于发酵床制作。

5. 发酵床大棚

可使用塑料大棚形式,长方形为宜。棚内面积可按存栏 1 头猪 $0.2 \ m^2$ 比例设计。棚内径宽度可根据导轨式翻耙机长度设定,一般 3.65 m;如果不使用翻耙机,宽度可根据需要设计。棚顶高 2.4~2.5 m,肩高 1.4~1.5 m。棚长度按养殖规模需要调整。

6. 发酵床运行和维护

(1)垫料铺设　在铺设发酵垫料前,在床底层一般先铺一层木屑和谷壳,厚度 10~20 cm,以增加底部透气性和吸水。垫料铺设厚度标准为 1.2~1.8 m。

(2)粪污添加　根据垫料发酵情况,适时添加粪污。一般每隔 1~3 d(夏季 1 d,冬季 2~3 d)通过潜污泵和 PVC 管道将粪污均匀喷洒到发酵床面,不得将粪污堆积在某一区域,以防造成死床。粪污喷洒量视垫料发酵和干湿情况确定,中心垫料水分应控制在 25%~45%,抓起一团垫料握紧后松开手掌,依然可成团但无水滴滴下来即可。

(3)垫料翻耙　发酵床需要每天进行翻耙,特别是粪污喷洒当日要耙匀。如使用翻耙机每天至少翻耙一两个来回,使发酵床获得足够的氧气,保证发酵效果。

(4)补充垫料和菌种　每月根据发酵床垫料消耗情况,补充垫料和菌种,菌种补加量一般 5 g/m²,均匀喷洒到发酵床中。一般发酵床可维持使用 3 年左右。

(5)保温透气　冬天早晚温度低时,放下卷膜杆以增加棚内温度,加快发酵。中午温度高时,摇升卷膜杆以透气增氧。

【案例链接】

高床发酵型生态养猪模式

东瑞食品集团股份有限公司是一家集生产、科研、贸易于一体的现代农业集团公司,建立了种猪、商品猪、饲料、饲料添加剂、生猪屠宰、肉类加工、有机肥生产等一体化的产业体系。该集团在多年养猪生产和环保治理的探索实践中,创造了一种高床发酵型生态养猪模式。

该模式主要由以下 4 个系统组成。

1. 温控通风系统

高床猪舍采用双层结构,两层均安装通风系统。上层猪舍采用温控通风,安装湿帘、风机及温度控制器,保证舍内的温湿度处于较佳范围;下层猪舍通风主要是排除垫料发酵过程中产生的汽、热。

2. 垫料管理系统

高床猪舍一层垫料发酵车间先铺设 60~80 cm 厚垫料。养猪过程中依据垫料的发酵情况,每天或隔天翻堆一次。通过翻堆作用将猪粪尿与垫料混合均匀,并提供氧气,保证微生物的好氧发酵作用,有效降解猪粪尿。

3. 自动喂料系统

高床猪舍配置自动喂料系统,每人可饲养管理 1 500~2 000头生猪,与传统模式相比可减少 1~2 人,既降低了劳动强度,又提高了劳动效率。

4. 配套有机肥厂

高床养猪配套有机肥厂,利用高温好氧快速堆肥技术,将半腐熟有机肥料转化为优质有机肥料,以适应市场需求,实现还田利用。

与传统养猪模式相比,采用高床发酵型养猪模式可提高育肥猪饲料转化率 4% 和上市合格率 3%,提高了养猪生产水平。年产1 万头高床养猪生产线,可年生产有机肥约 900 t,按 600 元/t 计,年有机肥收入约为 54 万元,除去垫料购置费、人工费及电费,则年收益约为 1.08 万元。

第六章　种养结合资源化利用技术

第一节　种养结合技术概述

一、种养结合技术的概念

种养结合技术包含广义和狭义两个层次。

从广义上来说，种养结合技术是种植业和养殖业相互结合的一种生态技术。养殖业是人与自然进行物质交换的重要环节，是指利用畜禽等已经被人类驯化的动物或者野生动物的生理机能，通过人工饲养、繁殖，以取得肉、蛋、奶、皮、毛和药材等产品的生产部门。种植业是农业的主要组成部分之一，是利用植物的生理机能，通过人工培育以取得粮食、副食品、饲料和工业原料的社会生产部门。种养结合技术是将畜禽养殖产生的粪便、有机物作为生产加工有机肥的基础，为种植业提供有机肥来源，同时种植业生产的作物又能够给畜禽养殖提供食源的一种技术。

从狭义上来说，种养结合技术是养殖场（小区）采用干清粪或水泡粪等清粪方式，液体废弃物进行厌氧发酵或多级氧化塘处理后，就近应用于蔬菜、果树、茶园、林木、大田作物等生产，固体经过堆肥后就近或异地用于农田。鼓励各地借鉴国际上实施的"畜禽粪便综合养分管理计划"的成功经验，根据当地降雨、水系、地形、粪便养分含量、土壤性质、种植作物特点，集成粪便收集、贮存、无害化处理以及粪肥与化肥混施、深施技术和设备，全链条实施粪便

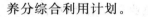

养分综合利用计划。

二、种养结合技术的意义

将畜禽粪便作为有机肥施于农田,生长的农作物产品及副产品作为畜禽饲料,这种"种养结合、农牧循环"模式,有利于种植业与养殖业有机结合,是实现畜禽粪便资源化、生态化利用的最佳模式。

1. 减少环境污染,节约肥水资源

随着我国养殖业飞速发展,产量逐步成为世界第一,但随之而来的是养殖污染不断扩大,产生的有机污染与全国工业污染的总量相差无几,养殖业现已成为我国最严重的污染源之一。粪尿无害化处理肥田技术是种养结合模式主要推行的技术,能够解决畜禽养殖带来的污染和畜禽生产中尿液和冲洗水处理的难点,做到了资源化利用。畜禽产生的粪尿流入收集池,经过处理可以变成具有一定肥效的肥料。这样既可以节约肥料和水,还能减少环境污染,解决畜禽粪尿不能及时处理的问题。

2. 有效改良土壤

种植业以农产品形式,每年从土壤中摄取大量氮、磷、钾以及各种微量元素,如果不增加物质、能量的投入,土壤理化性能将会越来越差,土地会越种越贫瘠,最终必然导致农业生产力的衰减甚至崩溃。养殖业提供的以粪便为原料的有机肥占有机肥料总量的62%～73%,能有效改良土壤、提高地力,还有利于促进土壤团粒结构的形成,增强土壤调节水、肥、气、热的功能,同时对提高农田生态系统转化率有着无机化肥无法代替的作用。

3. 促进生态农业持续、稳定发展

实行种养结合的模式后,调整种植业与养殖业的结构比例,充分合理地利用农业可再生与不可再生资源,对生产者(种植业)、消费者(养殖业)和分解者等生物种群进行合理调配,使农业系统中

的食物链达到最佳优化状态。种植业、养殖业有机结合，进行合理的农田布局，可增加有机肥的投入量，实现有机肥与无机肥相结合，减少无机肥及农药的施用量。同时养殖业、种植业的发展，必将促进并推动农副产品深加工为主的乡镇企业的发展，提高农村经济综合实力，形成种养加一体化的生态农业综合经营体系，大大提高农业生态系统的综合生产力水平。实行种植养殖相结合并不断加强与完善，将不断提高农业生态系统的自我调节能力，最终达到经济效益、生态效益、社会效益三者的高度统一，有利于农业持续、稳定地发展。

三、种养结合的适用范围

种养结合模式是一种生态循环模式，各地都在大力推广。但不是所有的种养结合模式都是合理的，如果忽略了其中的一些关键环节，如养殖环境、品种选择、饲养管理、养殖密度等，就会带来一系列问题。种养结合模式适用于周边有足够良田来消纳养殖场粪便的地区，特别是农作物种植常年需要施肥的地区，并且要求养殖场内配有无害化处理设施及沼渣沼液、堆肥的贮存设施。养殖场（户）应根据粪污产生情况，在周边签订配套农田，实现畜禽养殖与农田种植直接对接。

第二节　种养结合的技术要求

一、种养平衡

"以种定养"是指从种养系统物质循环的角度合理规划养殖规模，防止畜禽粪便过量产出增加环境压力；"以养促种"是指通过畜禽粪便无害化处理和科学合理的还田利用等手段，来促进种植业。通过建立"以种定养""以养促种"的农业生产模式，实现废弃物高

效循环利用,降低环境污染风险,从而缓解农业污染减排压力。

（一）以种定养

种养系统间的物质循环是开放型的,受到多种因素的综合影响。畜禽粪便还田区域的土地利用方式、与城镇居民区的距离、与水体的距离与道路的距离、与养殖场的距离、土壤质地、土壤肥力、坡度、降雨量等均为环境影响限制因子。这就决定了不同区域土地利用畜禽粪便的适宜程度不同,从而影响了农田载畜量的大小。在确定农田载畜量时,应首先根据该区域畜禽粪肥还田适宜程度,遴选出适宜还田的区域,并在此基础上综合考虑适宜还田区域农田养分水平、不同作物养分需求和该区域不同种类畜禽粪便的养分含量,最终在确定本区域农田载畜量基础上制订畜禽养殖规划。

在进行以种定养时,首先要确定当地的农地畜禽粪便承载能力。这是不同农地对畜禽粪便吸收消纳量的客观反映,当然畜禽粪便的利用率直接影响农地畜禽粪便承载量。

（二）以养促种

"以养促种"是指通过畜禽粪便无害化处理和科学合理的还田利用等手段,来促进种植业。由于不同种类畜禽的粪便所含环境有害成分及其适用的作物和土壤均存在差异,如果不进行无害化处理和科学有效地利用也会影响作物生长并产生一系列的环境问题。因此,在"以种定养"的基础上实现"以养促种",降低畜禽粪便资源化利用环境风险,也是保障种养系统平衡的关键环节。

种养平衡发展模式是今后畜牧业污染减排的重要推动力,将极大地促进畜禽养殖污染治理和畜牧业可持续发展。

二、科学施用

（一）正确认识畜禽粪肥

畜禽粪肥或以畜禽粪肥为主要原料的有机肥对有效治理环境

污染、改良土壤结构、提高农作物产量和品质等具有十分明显的优势，但也有一些弊端，必须正确认识，在施用时引起注意。

（1）畜禽粪肥或以畜禽粪肥为主要原料的有机肥含盐分较重、易使土壤盐化，提高营养元素对农作物的肥效临界点，增大施肥量。严重时会导致种子不发芽、烧苗、烧根。

（2）有些畜禽粪肥的氮以尿酸形态氮为主，尿酸盐不能直接被作物吸收利用，在土壤中分解时消耗大量的氧气，释放出二氧化碳，故易伤害作物根部。

（3）畜禽粪肥中可以检出芽孢杆菌属、大肠埃希菌以及十多个属的真菌和一些寄生虫等，易引起病虫害。

（4）部分畜禽粪肥存在着微量元素含量超标的问题。在畜禽饲料中，由于大量添加铜、铁、锌、锰、钴、硒和碘等微量元素，使得许多未被畜禽吸收的微量元素积累在畜禽粪便中。根据有关单位调查，一些大中型畜禽养殖场所使用的饲料中，重金属污染比较严重，铜、锌、铬、铅和镉的含量普遍超过国家饲料卫生标准或无公害生产饲料标准，砷和汞等毒害元素也个别超标。

（5）大部分畜禽粪肥或以畜禽粪肥为主要原料的有机肥呈酸性，易生病菌，须用石灰中和，易致土壤板结。

（6）畜禽粪肥或以畜禽粪肥为主要原料的有机肥肥性较热，在高温天气使用，易烧苗烧根。

（7）畜禽粪肥或以畜禽粪肥为主要原料的有机肥需要堆沤腐熟后使用，用工多，周期长。

（8）畜禽粪肥或以畜禽粪肥为主要原料的有机肥因杂质较多，纯度偏差极大，含量极不稳定，无法保证施用养分含量及效果。

（9）畜禽粪肥中的硫化氢等有害气体挥发产生恶臭，造成空气污染。

（二）合理施用

畜禽粪肥或以畜禽粪肥为主要原料的有机肥施用必须特别注意，施用不当或滥施对作物、土壤及环境均会产生不良影响，应加深认识，及早做好预防及补救措施。这里以鸡粪及猪粪为例，分别说明施用畜禽粪肥或以畜禽粪肥为主要原料的有机肥对作物及土壤的不利之处。

新鲜鸡粪中的氮主要为尿酸盐类，这种盐类不易被作物直接吸收利用，而且对作物根系的生长有害。因此，该类粪肥施用前应先堆积发酵腐熟方可施用。鸡粪发酵温度高，易伤植物幼根，新鲜粪便一般不宜直接施用，经过堆沤充分腐熟后才能施用。尤其要注意的是，由于鸡饲料中的添加剂含激素成分很高，应该通过堆制进行脱激素处理。同时，鸡粪尿中易带有蛔虫卵，因此需要通过堆制 40 d 左右进行杀灭。建议禽粪在常温下堆制 60 d，可安全用于无污染蔬菜生产，但冬季堆沤由于气温低，比夏秋季堆沤时间要延长 2 个月。此外，施用鸡粪时宜与土充分混匀，不宜施得太厚，以免伤根；鸡粪施入要均匀，只有这样才能使植株长势均一，便于管理；定植时根系千万不能与鸡粪直接接触。

猪粪中也含有蛔虫卵，且需要 50 d 左右才能对其进行杀灭；其添加剂中激素成分也很高，亦需通过堆制进行脱激素处理。

第三节　尿泡粪＋干湿分离＋农田利用技术

一、概述

采用漏缝地板收集粪尿，然后进行干湿分离，分离出的固体堆肥，液体进入贮存池暂存。类似于"干清粪＋堆肥发酵＋农田利用"方法,区别在于,一个是干清粪,粪尿分开收集,分别处理;一个是尿泡粪,粪尿混合收集,通过干湿分离后再分别处理。

二、技术要点

1. 粪污收集

采用尿泡粪工艺。猪舍地面铺设漏缝地板,下面建排粪沟,粪沟深 150 cm 以上,安装有管道式或间隔式通风系统。首次在排粪沟中注入 20～30 cm 深的水(以后不需要),粪尿通过漏缝地板排放到粪沟中,贮存 3～5 个月,打开出口的闸门,将粪水排出。

2. 固液分离

从粪沟排出的粪污进入调节池搅拌均匀,然后用管道输送到干湿分离机进行固液分离,分离出的固体含水量 50% 以内。

3. 固体堆肥发酵

分离出的固体物质通过 5～6 个月堆肥发酵后直接出售或生产有机肥。堆肥要有贮存棚,要求防雨、防渗。贮粪棚所需容积按每 10 头猪(出栏)不少于 0.5 m^3 计算。

4. 液体贮存

分离出的液体直接进入贮存池暂存,一般存放 150 d 后使用。贮存池为露天水池,周围高出地面 50 cm 以上,下面用 PE(聚乙烯)膜铺底,防止渗漏。每头猪(出栏)需建 0.1 m^3 贮存池。

5. 农业利用

生物质有机肥作为农田积肥,液体直接供农田利用。每亩土地年消纳液体量不能超过 5 头猪(出栏)。

三、适用范围

本方法比较适合年出栏 5 000 头以下的规模猪场使用。

第四节 尿泡粪+沼气发酵+农田利用技术

一、概述

采用尿泡粪工艺,粪尿混合收集后,全部进入沼气池进行处理,产生的沼液和沼渣供农田利用。采用漏缝地板工艺,不需要清粪,可减少养殖场劳动用工,便于组织规模化生产。不进行干湿分离,粪尿全部沼气发酵,产气量大。

二、技术要点

1. 粪污收集

猪舍地面铺设漏缝地板,下面建排粪沟,粪沟深 80～150 cm,安装有管道式或间隔式通风系统。首次在排粪沟中注入 20～30 cm 深的水(以后不需要),粪尿通过漏缝地板排放到粪沟中,贮存 15～30 d,打开出口的闸门,将粪水排出。

2. 沼气发酵

从粪沟排出的粪水流入主干沟,通过管道进入沼气发酵罐进行厌氧发酵,发酵时间不少于 30 d。发酵产生的沼气用于发电。发酵罐容积为每头猪(出栏)需 0.2 m³。

3. 沼液贮存

产生的沼液在贮存池暂存。贮存池使用 PE(聚乙烯)膜铺底,不漏水。沼液在贮存池存放 3 个月以上即可使用。每头猪(出栏)需建贮存池 0.1 m³。

4. 农业利用

产生的沼渣用作基肥,沼液浇灌农田。大田种植每亩土地可以消纳 5 头猪产生沼液量;种植果树、蔬菜,每亩可消纳 10 头猪产生的沼液量。

三、适用范围

本方法比较适合年出栏 10 000 头以上的规模猪场使用。注意加强猪舍环境控制,避免粪污停留产生的有害气体污染舍内环境。

第五节 尿泡粪+液态堆肥+农田利用技术

一、概述

采用尿泡粪工艺,粪尿混合收集,不进行固液分离,全部直接进入贮存池贮存,长时间发酵腐化后,粪污直接供农田利用。该方法实质为液态堆肥,发酵腐熟时间比固态堆肥长。这是国外小规模猪场较为常用的一种方式。

二、技术要点

1. 粪污收集

猪舍地面铺设漏缝地板,下面建排粪沟,粪沟深 150 cm 以上,安装有管道式或间隔式通风系统。首次在排粪沟中注入 20～30 cm 深的水(以后不需要),粪尿通过漏缝地板排放到粪沟中,贮存 3～5 个月,打开出口的闸门,将粪沟中粪水排出。

2. 粪污贮存

排出的粪水流入主干沟,再进入贮存池贮存,存放时间 6 个月以上。贮存池为水泥池,防渗漏,上方密封,深 1.5～2 m,容积根据养殖量确定,一般每头猪(出栏)需 0.2 m³。在水泥池的一角留出粪口,平时堵住。

3. 农业利用

粪污熟化后直接供农田利用。每亩土地可以消纳 2～3 头猪产生量。

三、适用范围

本方法比较适合年出栏 2 000 头以下的猪场使用。猪场应远离村庄或居民区。

第六节　尿泡粪＋干湿分离＋沼气发酵＋农田利用技术

一、概述

采用尿泡粪,粪尿通过漏缝地板自动掉入粪沟,粪尿混合收集,再进行干湿分离,分离出的固体堆肥,液体进行沼气发酵。这种方法采用漏缝地板工艺,不用清粪,减少用工;改水泡粪为尿泡粪,从源头上降低了污水产生量;通过固、液分别处理,实现了粪污的减量化、无害化和资源化利用。

二、技术要点

1. 粪污收集

采用尿泡粪工艺。猪舍内地面除走道外全部铺设漏缝地板,每头育肥猪所占面积为 0.8~1.0 m²,种猪 1.0~2.0 m²。漏缝地板下面为粪沟,深 0.8~1.5 m。底部留有出污口,每 15~30 d 排放一次。舍内装有通风系统和感应装置,当有害气体超标时,换气扇自动运转,通风换气。

2. 干湿分离

从粪沟排出的粪污进入调节池搅拌均匀,然后用管道输送到干湿分离机进行干湿分离。干湿分离出的固体含水量在 50% 以内。

3. 固体堆肥发酵

分离出的固体物质通过 5～6 个月堆肥发酵后直接出售或生产有机肥。堆肥要有贮存棚,要求防雨、防渗。贮粪棚所需容积按每 10 头猪(出栏)不少于 0.5 m^3 计算。

4. 液体沼气发酵

分离出的液体进入沼气池进行厌氧发酵。沼气池采用 PE 膜或发酵罐。膜式发酵池每头猪(出栏)需 0.4 m^3;发酵罐每头猪(出栏)不少于 0.1 m^3。发酵过程一般 2～3 个月。

5. 沼液贮存

沼液进入贮存池暂存,一般存放 150 d 后使用。可用部分沼液冲洗粪沟。贮存池为露天水池,周围高出地面 50 cm 以上,下面用 PE 膜铺底,防止渗漏。每头猪(出栏)需贮存池 0.1 m^3。

6. 农业利用

有机肥作为农田积肥,根据肥力每亩施用 500～2 000 kg。大田种植每亩地能消纳 5 头猪产生沼液量;种植果树、蔬菜,每亩地可消纳 8～10 头猪的产生量。

三、适用范围

本方法比较适合年出栏 10 000 头以上的规模猪场使用。注意加强猪舍环境控制,实时监测,避免有害气体污染舍内环境。

第七节 干清粪+堆肥发酵+农田利用技术

一、概述

采用干清粪,粪便通过收集、清扫,运至贮粪棚堆肥发酵,尿液或冲洗污水收集后在贮存池暂存,粪便和尿液直接供农田利用。这种方式能及时清除舍内粪便、尿液,保持舍内环境卫生,减少粪

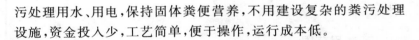

污处理用水、用电,保持固体粪便营养,不用建设复杂的粪污处理设施,资金投入少,工艺简单,便于操作,运行成本低。

二、技术要点

1. 干清粪

要求粪便日产日清。可采用人工清粪或机械清粪。清出的粪便及时运至贮粪棚。场区做到雨污分流,净污道分开,防止粪便运输过程中污染场区环境。

2. 尿液或污水收集

每栋畜舍设一个尿液或污水收集池,上部密封,容积 $1\sim2\ m^3$。畜舍内的尿液或污水先流入收集池,再汇集至贮存池。粪尿沟应设在舍内,舍外部分要加盖盖板,防止雨水流入。

3. 粪便处理

粪便在贮粪棚内堆肥发酵 $5\sim6$ 个月。粪便过稀不便于堆肥时,可以与秸秆混合堆肥,秸秆的添加比例一般为 $10\%\sim20\%$。贮粪棚通风良好,防雨、防渗、防溢出。贮粪棚所需容积:每 10 头猪(出栏)1 m^3;每头肉牛(出栏)或每 2 头奶牛(存栏)1 m^3;每 2 000 只肉鸡(出栏)或每 500 只蛋鸡(存栏)1 m^3。

4. 尿液或污水贮存

贮存池要防雨、防渗,周围高于地面,防止雨水倒流。尿液在贮存池存放 $5\sim6$ 个月后才能使用。贮存池所需容积:猪(出栏)不少于 $0.1\ m^3$/头,肉牛和奶牛可以按照下列关系换算,1 头肉牛或 2 头奶牛相当于 10 头猪。

5. 农业利用

粪便和尿液直接供农田利用。每亩土地年消纳尿液量不能超过 5 头猪(出栏)、0.2 头肉牛(出栏)、0.4 头奶牛(存栏)的产生量。每亩土地年消纳粪便量不超过 5 头猪(出栏)、200 只肉鸡(出栏)、50 只蛋鸡(存栏)、0.2 头肉牛(出栏)、0.4 头奶牛(存栏)的产生量。

三、适用范围

本方法比较适合年出栏 10 000 头以下猪场,存栏 500 头以下肉牛场,存栏 300 头以下奶牛场,年出栏 10 万只以下肉鸡场或存栏 50 000 只以下蛋鸡场使用。

第八节 干清粪＋堆肥发酵＋沼气发酵＋农田利用技术

一、概述

该方法将粪便与污水分开处理,实现资源化利用目的。粪便作干清粪及时清理,采用自然干化、堆肥发酵、高温曝气等工艺,利用生物学特性结合机械化技术,通过自然微生物或接种微生物将粪便完全腐熟,生产有机肥,实现粪便的减量化、稳定化和无害化。污水经厌氧发酵产生沼气用于发电,沼液经暂存净化后用于农田。此处理方法具有运行费用低、处理量大、无二次污染等优点,目前被广泛使用。

二、技术要点

1. 粪便处理

(1)粪便清除 利用人工或机械进行干清粪。

(2)粪便堆积 将粪便集中运输到贮粪棚堆积贮存,经 1～3 d 的自然发酵干化备用。贮粪棚大小一般按 10 头猪 1 m² 或 1 头牛 1 m² 建设,地面要做硬化处理,以防渗漏,加盖顶篷防雨水,四周设 1 m 高围墙,留出口。

(3)发酵车间 将粪便集中运输到发酵车间。车间建设:假设 1 万头猪场,建议建设面积 300 m² 左右,长 50～60 m、宽 5～6 m,

高 5～6 m,内建 2 个并联式宽 2～3 m(以翻抛机宽度设计)、高 1.5 m 的水泥发酵槽。内设导轨式翻抛机 1 台,通过轨道从入口端移动到出口端,全面地翻抛物料,并把物料向出口端推移,再返回。车间四面墙体为砖混结构,盖顶选用阳光板,加快发酵物料起始温度的提高。

(4)发酵前预处理　将粪便、辅料(回头料、木屑、谷壳等)和发酵菌种按比例混合均匀。一般粪便 85%～90%,辅料 10%～15%,菌种 0.01%。控制物料水分含量在 60%左右。

(5)堆积发酵　将混匀的物料输送到发酵槽进行堆积发酵,厚度不低于 1 m。

(6)发酵腐熟　堆积发酵 3～4 d 后物料温度可达 50～65℃,高温发酵阶段物料中心温度可达 80～85℃。用翻抛机每天翻抛 1～2 次(夏季每天 1 次,冬春季 2 d 1 次),起到疏松通气、散发水汽、粉碎、搅拌等作用,促进物料发酵腐熟、干燥。高温发酵时可通过设置在槽边的鼓风系统进行曝气,以控温增氧,使温度控制在 55～65℃。此阶段可将畜禽粪便中的寄生虫和病原菌杀死,腐殖质开始形成,粪便初步达到腐熟。高温发酵后,再经中低温发酵、后熟,一般需要 20～30 d。出料端物料呈干粉状,含水率 25%～30%,成为有机肥。

(7)出料去向　部分可外卖有机肥厂,部分作为再发酵辅料回头,以减少锯末、谷壳的购买量和微生物菌种的添加量,也可用于种植施肥。

2. 尿液或污水处理

(1)污水集水池　栏舍污水由沟渠流经粗格栅、细格栅过滤后,进入集水池,进入沼气池前对污水进行水量调节和稳定。可按 1 头猪 0.1 m³、1 头牛 1 m³ 建设,其有效容积最小不少于日产污水量的 50%。

(2)沼气池　用于厌氧降解污水中的有机物,产生沼气。其有效容积可按 1 头猪 0.1 m³、1 头牛 1 m³ 建设。可采用目前较环保、实用的 PE 膜替代厌氧发生器，下层为发酵主体，上层用 PE 膜覆盖。

（3）沼液暂存池　用于对厌氧发酵处理出水进行暂存处理，经过一定时间的自然氧化、微生物降解、植物吸附等进行净化。暂存池有效容积可按 1 头猪 1 m³、1 头牛 10 m³ 建设，深度一般 2 m 以上。经净化后的沼液经稀释后可供农田利用。

（4）沼气发电　沼气收集后可用于发电和供沼气锅炉使用。发电机发电不仅可供本场生产使用，还可以并网发电。如日产沼气 100 m³，宜配备 10 kW 左右的发电机组。

三、适用范围

该模式一般适用于较大规模的养猪场或牛场。中型养猪场或牛场可根据实际情况，参照上述比例参数设计建设。

【案例链接】

武汉中粮江夏山坡原种猪场

武汉中粮肉食品有限公司江夏山坡原种猪场是中粮投资建设的大型规模化现代化原种猪场之一，采用技术领先的养殖设备和养殖工艺。该场位于武汉市江夏区山坡乡新生村，占地 351 亩，国外进口生产母猪 2 200 头，总投资 8 000 万元，其中环保投资 1 300 万元。

江夏山坡原种猪场粪污处理采用沼气工程＋沼液资源化利用的模式。沼气作为能源供猪场日常生活用气、发酵罐增温、锅炉用气、病死猪无害化处理蒸煮设备用气以及沼气发电自用。沼液作为一种高效的有机肥用于苗木、农作物种植，不仅能促进作物生长，大量减少化肥使用，还能改良土壤，实现生态循环利用持续发展。

1. 工厂化管理

粪污的处理和沼气的产生与利用,全部采用工厂化管理模式。编制管理制度,明确岗位职责,下达管理目标和任务。每个沼气站管理团队均由1名站长和4名技术工人组成。站长负责协调站内工作,技术工人除了做好站内的设备检查、维修以及保养外,还要开展沼液返田和推广工作。站内的日常管理和设备检查、维修、保养都有相关的标准手册和准则,每个人必须严格按照标准作业程序(SOP)来操作。

2. 合理处理粪污

按照公司猪场生产及用水标准计算,猪场常年存栏2.5万头,每年出栏5万头,大约产生8万 m^3 粪污(数据会随存栏量有所波动),沼气站处理能力为每年10万 m^3,满足生产上限值,沼气站有存贮半年以上的沼液存贮池(4万 m^3),以解决每年施肥淡季沼液沼肥的存贮问题。根据国家农业、畜牧及环保的要求,每出栏1万头生猪需配备1000亩土地消纳。因此公司现场铺设16.1km主管,覆盖6000亩农田,其中5000亩已经开始稳定施肥,另1000亩作为推广备用,土地已经满足需求。

3. 提高检测频率,合理施肥

公司每个季度对沼肥使用区域土壤养分含量进行检测,主要检测土壤有机质和氮、磷、钾等指标;每个季度对沼液的养分进行检测;然后根据种植作物的种类,结合土壤养分以及沼液养分含量水平给出施肥方案,严格控制沼液的使用量,建立施肥现场管理制度,要求现场管理施肥点并对沿途管道进行巡视,做到安全、科学使用沼肥,真正实现沼液的资源化利用。

沼液作为优质有机肥,通过了各大科研院所及生产实际的广泛验证和认可,但却没有广泛推广。其原因主要有:一是不能规模量产;二是基础设施的投资过大,一般企业难以承受;三是推广过程中受土地面积、种植作物、政府重视程度、农民意愿等条件限制；四是推广过程中,对管理要求较高,包括专业团队、高素质人才、高水平的培训以及严格的监督管理等。公司在深入分析以上问题后,依据现场条件,均将问题妥善解决。在后期的计划中,公司将深入开展试验田项目,研究不同区域、不同作物在沼液使用和效果上的差异,为更高效、更科学地使用沼液有机肥做好技术工作。

江夏山坡原种猪场在发展生猪养殖的同时注重粪便的资源化利用,将沼液无偿给猪场周边农户施用,同时给予技术指导。山坡站苗木基地使用沼液种树,每年每亩节约化肥约 300 元,2 000 亩苗木一年节约肥料 60 万元。此外,使用沼液后,樟树的成材期大大缩短,由原来的 5 年成材缩短为 3 年半成材,大幅提高了土地的使用效率,因此而产生的土地增收每年每亩达 2 000 余元,2 000 亩林地每年共增收约 400 万元。沼液种植莲藕,根据水的深度施底肥 3～5 t/亩,根据水的颜色追施肥 1～2 t/亩,使用沼液每亩可节约肥料投入 330 元。山坡站 1 000 亩藕塘每年可节约肥料投入 33 万元。此外,由于猪场周边配套使用的土地大部分为林地,林地不仅给当地农户创造了经济价值,还改善当地的生活环境,山变绿了,水变清了,空气清新了,环境效益十分显著。

参考文献

[1] 武深树. 畜禽粪便污染防治技术[M]. 长沙:湖南科学技术出版社,2014.

[2] 李素霞,刘双,王书秀. 畜禽养殖及粪污资源化利用技术[M]. 石家庄:河北科学技术出版社,2017.

[3] 李保明,杨军香. 畜禽粪便资源化利用技术:源头减量模式[M]. 北京:中国农业科学技术出版社,2017.

[4] 全国畜牧总站. 畜禽粪便资源化利用技术模式[M]. 北京:中国农业科学技术出版社,2016.

[5] 苗玉涛,刘双. 畜禽粪污综合利用技术与案例研究[M]. 北京:中国三峡出版社,2016.